一開口就贏得

信 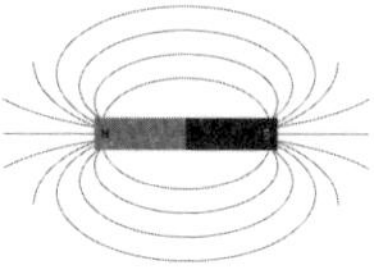 任

從內在的改變，打造穩定持久的可信度

Why People Don't Believe You...

Building Credibility from the Inside Out

羅伯・喬利斯 Rob Jolles——著

謝慈——譯

謹獻給

在人生中曾經失去方向，受到誤導，
因而相信自己不夠好的每個人。

我很確信，你夠好，
假如你也這麼相信，
其他人就會跟著相信了。

又一次地，羅伯揭開了成功最大的奧祕：相信自己。方法如此簡單，而影響力又如此驚人！

弗蘭・凱許曼，美聖全球資產管理公司 全球行銷溝通部主管

商業行銷的世界裡，有太多顧問掌握了正確的字句，卻使用了錯誤的表達方式。羅伯扭轉了這一點，直擊建立信任關係的精髓：不只注意文句，更重要的是語調，一切就從《一開口就贏得信任》開始！

麥克・威爾斯，Toyota 金融服務 美洲地區副總經理

舉一個最不可信的人，例如同事、客戶，或是朋友。為什麼你不信任他？不是因為對方說了什麼，而是說話的方式。羅伯的書教我們如何不變成這樣

的人，所以買兩本吧：一本自己珍藏，另一本放在鄰居家門口。

馬丁．藍尼克，暢銷書《領導者的習慣》作者

我讀過許多銷售技巧的書，用來打發午後時光都很適合。但羅伯的書卻能讓我們更上一層樓，結果將顯而易見！不拜讀實在太可惜了。

榮恩．普拉特，駿利亨德森投資 北美現場銷售部主管

我們總是太執著於用字遣詞的準確，是時候更進一步，追尋正確的語調了。這正是羅伯的重點。太了不起了！

凱西．李奇曼．華勒斯，Ivy Distributors 銷售部門副總裁

在充斥著「假新聞」和「另類事實」的世界裡，無論對哪個領域來說，

贏得信任都顯得格外重要。而羅伯的書讓我們驚覺，贏得信任是一門「內在的功夫」。對於領導者來說，本書絕對非讀不可！

歐維爾・雷・威爾森，《游擊行銷》系列共同作者

羅伯對於幫助別人成功充滿熱誠，讓人驚豔，受惠者從專業銷售員到長期失業者都有。如今，羅伯將他的智慧和想法集結在這本簡單易讀的教戰手則裡……內容從學習如何相信自己，一直到選擇正確的語調和態度，來支持自己的言語，幫助我們獲得持續而長遠的成功。

約翰・歌德曼，Pipelinersales Inc 策略行銷部門主管

我們總是追求信任，但卻時常求之不可得。我和羅伯共事超過二十五年，沒有人比他更了解信任的要素，在贏得信任這一方面，無人能出其右。

達娜・克萊，American Beacon Advisors 行銷策略規劃部門副總裁

銷售是一門藝術，也是科學，而成功的銷售員知道如何融合這兩者，為潛在客戶編織出專屬的故事。羅伯擔任這樣的導師很多年了，如今將所有的智慧集合成《一開口就贏得信任》。除非你已經忙得焦頭爛額，否則就買一本看看吧，你會感謝我的！

吉姆．貝拉辛格姆，《第三成分與消費者時代》作者

羅伯像演說家金克拉、脫口秀主持人菲爾博士和喜劇演員傑瑞．路易斯的合體，影響了許多面臨職涯轉換者的語調，讓他們從待業中信心十足地就業！他的建議很實際卻有力，容易理解，可以幫助任何想建立信任關係的人。

包柏．柯森紐斯基，McLean 聖經教會 職涯網絡服事執行長

羅伯可以將過去任何平凡的情境，轉化為珍貴的銷售與人生教訓。他揭

示了由內而外贏得信任的關鍵，帶領我們通向不受限的成功。

道格拉斯・海基南，IRIS.xyz 出版

我見證了羅伯的魔力一次又一次地拯救了失去工作、自信心墜入谷底的人。他們所學到的語調，我們每個人都能學會，無論扮演任何角色，或身處任何情境。那正是最自信的語調。

JV・維納布爾，演說家、作家、領導教練

為什麼要讀這本書？因為每次的人際互動都很重要，而羅伯將幫助你了解該如何確保其他人對你的信任。

布萊恩・威爾許，Force Management

羅伯又一次強棒出擊，《一開口就贏得信任》深入地探索溝通的技巧，

更打開了我的視野和心胸，讓我能做出改變。一定要讀完，應用其中的策略，並好好享受成果！

道格．山德勒，暢銷書《好人才是贏家》作者

影像和聲音對我們的影響不同。吸引了別人的耳朵，眼睛自然會跟上。羅伯教導我們該如何運用字句的能量和聲音，來贏得信任，並留下深刻的印象。

羅伯特．E．薩瓦尼，Mercury Capital Advisors 執行長

目次

各界好評　4
推薦序　12
作者序　15
前言：重點不是語言，而是語調　22

一　相信自己　28

相信自己並不容易，不是想要就能做到。本章提供具體行動的五個步驟：「努力去相信、允許自己嘗試和失敗、試著用他人的眼光看自己、平衡個人的回饋、控制負面的聲音」。只要充分的準備與練習，每個人都能具備相信自己的能力。

二　恐懼與回應　48

恐懼存在於每個人的心中，但不代表恐懼能控制我們。通常，恐懼來自於不理性的想法，卻可以用邏輯輕鬆破解。本章提供辨識出自己的恐懼，及採取應對行動的方法。讓我們面對恐懼，揭開它們的真面目。

三　讓其他人相信你　68

每個人在尋求其他人的信任時，都必定經歷過挫敗。但要讓他人信任你，並不需要與生俱來的獨特基因，而是需要努力付出，並且在受到挫折時，仍然自律地站起身來，再試一次。

贏得信任的方式，有時候和戲劇演出一樣，不僅要熟記台詞，還要進入角色的人生。假如你相信自己的角色，就變成那個角色。如此一來，所有的想法、語言和手勢都成為直覺反應，而其他人就會相信你。

如果知道自己不會失敗，你會嘗試什麼？讓大腦回到肯定自己不會失敗的情境中，文字就會自然浮現，而且，你的大腦會很樂意地轉換成更可信的音色、語速、停頓和語調。如此一來，我們的熱情將溢於言表，讓其他人都看見。

正向不是天生的，但卻可以透過學習得來。只要依循下面的公式，讓生命發生正向的改變：相信運氣；練習、準備、專注；允許自己懷抱希望；表現出正向；不再使用「擔心」這個詞；保持正確的觀點；相信自己而非迷信詛咒；珍惜自己所擁有的。

要維持他人對你的信任，不代表在政治操作上必須老謀深算。思考選擇所帶來的後果，並採取行動自保，才能影響你身邊的人對你的看法。如果其他人相信你，他們會期望你對於自身的政治處境有所了解，並且以此為行動依據，無論你是否心甘情願。

過去四十年來，我開課教授關於「成功」與「成就」的課程，學生超過五百萬人，遍及八十三個國家。我總是在追尋一個關鍵的答案：為什麼有些人比其他人更成功？

而此刻，羅伯．喬利斯這位身兼作家、老師和成功教練，找到了決定成功和失敗、快樂和抑鬱等尚不為人知的關鍵理由。根據他多年來與上千人合作的經驗，他告訴我們究竟該怎麼做，才能成為人生真正的主宰，達成理想和目標，並且打破所有阻攔我們的障礙（大部分是心理層面）。

透過上百個小時的研究和教學讓羅伯了解到，可信和可靠度是最重要的特質，可以幫助我們在見面的第一刻就贏得其他人的信任。而我們有多相信依靠自己，其他人就會多相信依靠我們。

本書有許多實用有效的技巧和行動，可以讓我們練習變得更值得信任，也更有影響力。學習如何獲得並保有自己真正想要的工作，以及如何在職場和個人生活中，都被視為領導者。

我來自貧窮失能的家庭，成長過程中沒有任何長久的朋友。整個童年大都獨自度過，或是和其他不受歡迎的孩子混在一起。我從來沒想過，原來所有人格特質都是可以學習的。只要用特定的方式對待別人，從第一次眼神交流就能讓對方開始信任依靠你。

訪問人事主管（為大小公司雇用員工的人）時，我發現他們往往只需要前三十秒，也就是第一次招呼、握手和回應時，就能決定是否聘用某人。

有時我會問觀眾：「我們做決定時，有多少是根據邏輯，又有多少是情緒？」他們的猜測通常是八成對兩成，或是九成對一成。我會接著解釋，真相是百分之百依照情緒。我們會情緒化地決定，再試著用邏輯解釋。羅伯告訴我們，在初次見面時，我們會立即建立深層的情感連結，然後才轉向理智和邏輯。

身為專業演說家，我必須在三十秒內和觀眾建立連結，而這指的是上百甚至上千人。我必須維持這樣的連結好幾個小時，直到活動結束。你也可以試著這樣面對剛認識的人。

好消息是，所有的人際和人格能力，都是可以透過反覆練習而習得的。我們可以學習任何必須的能力，來改善我們的人生。沒有任何限制。

恭喜你選擇了這本書，你的人生可能從此永遠地改變。

布萊恩・崔西（Brian Tracy）
公開激勵演說家、自我成長類作家

我在各地舉辦研討會的經歷超過三十年，飛行里程超過兩百五十萬英里，一直以為自己知道每個觀眾需要的是什麼。畢竟，只要提到說服的藝術，我可以謙虛地說，自己是受到認同的專家。關於這個主題，我寫過許多書，為無數財富五〇〇的公司提供諮詢，也在成千上萬人面前講述自己的知識。然而，在二〇一二年夏天，面對維吉尼亞州麥坎林一座教堂的觀眾時，我竟感到措手不及。

那時，我接到好友威爾的電話，得知他過去幾年在某個團體擔任志工，而他們需要好的勵志演說家。他說團隊的名字是「生涯網絡服事」，是一個非宗教性的支援團體，致力幫助想要生涯轉型的人們。我對於提供免費的演說並不非常感興趣，但威爾很堅持，而且地點距離我家只有大概二十五分鐘，所以我決定就露個臉，表現一下，然後回家。

我在腦海中聽見父親的話，他告訴我：**我們不只捐錢，也要奉獻時間**。他以身作則，人生中超過六十年的時間都奉獻給美國童軍和獅子會。好吧，我可以為這個團體付出一個小時。

我計畫的演講內容是曾經呈現過無數次的，心想著教導這群人如何將自己當成產品來進行銷售，就是他們所需要的。除此之外，雖然我絕對沒有輕忽這事，但要教導十來個人怎麼在工作面試中推銷自己，這會有多困難？

走進生涯網絡服事後，我注意到的第一件事就是觀眾比我想像的多出許多，可能有三十多個人，在顯然太大了的房間裡感到手足無措。我有點惱火，這間房間對這樣的人數來說太大了。雖然心裡希望能有更溫暖的情境，但畢竟我的目標只是快快結束六十分鐘的演出，所以並不打算引發什麼風波。

調整音響設備時，我發現人數緩緩增加，已經達到六十個人。詢問觀眾是否到齊時，得到的答案是：「喔，不，大部分的人還在受訓，有些人在練習寫履歷，有些在練習使用 LinkedIn 網站、有些在學習電梯簡報（elevator pitches）、有些在進行其他培訓，還有其他我一時沒想到的。」

開講前三十分鐘，邊間的門一扇扇打開，觀眾的人數膨脹到兩百個左右。有人開始宣布網絡集會的事，雇主傳達不同的工作機會，還有更多各式各樣的活動。但真正讓我詫異的是「勝利歡呼」這個部分，找到工作的參與者可以到台上述說自己的故事，激勵其他成員。好吧，這效果顯著，至少對我來說。那天聽到的故事深深打動了我，演講完畢後，我立刻成了生涯網絡服事的志工。

剛加入的幾個月，我努力轉化曾經教過或寫作過的銷售技巧，希望能幫助觀眾向雇主推銷自己。我告訴他們應該要精熟怎樣的對答方式，以及應該詢問什麼問題。然而，我的成果非常慘淡，似乎沒有人從我的話中得到任何一點益處。

我以為他們只是用字遣詞不夠正確，於是開始為他們寫標準答案。我逐字逐句寫下他們應該熟背的答案和問題，但還是失敗了。我以為精準而可信的文字，從他們口中說出來卻完全不是這麼回事。

就像是聽某個人試著唱一首歌，但所有的音都是平板的。更糟的是，我慢慢察覺到學員們似乎完全聽不出來。在音樂世界，如果有人無法複誦聽到的音樂，我們會稱他為「音痴」。同樣的，雖然我不斷教導著說話的語調，但我發現學員們可以說是「語調痴」。

於是我展開了一段旅程，幫助這些因為缺少了語調而備受打擊的優秀學員。如果平時沒有習慣控制音高、語速、停頓的人，可能透過教學和訓練，創造出更令人信賴的語調嗎？

領悟到這些人的用字遣詞沒有問題，背叛他們的是說話的方式之後，我開始舉辦工作坊，聚焦於三個和文字詞語沒有關係的主題：表演、即興和總體信心。為了驗證我的假設，我為參與者設下門檻：整個班級的學員都應該是失業期持續兩年以上的求職人士。最後，一半以上的學員都失業將近五年。

我知道對這些學員來說，目標可能有點難度，也需要多一些時間。因此，我所設計的不是僅有幾個小時的課程，而是長達數天。如此一來，我才有足夠的時間贏得他們的信任，並引導他們相信彼此。

參與者僅限於一開始就報名的十來個人，而我花了比一般還要久的時間進行破冰活動。學員之間開始建立起連結，效果不錯！幾個小時之內，參與者已經建立起對環境的信任，也開始願意做深度的自我揭露。

我們先是進行了簡單的聲音練習，我趁機示範如何給予平衡的回饋建議，而我也謹慎地控制成員的回饋，不讓任何人因為無心卻尖銳的評語而受傷。活動進行得很順利，參與者開始敞開心房，試驗探索一系列的技巧、小組活動，以及個人演出。所有的活動設計的目的都是教導，讓學員最後能用從未使用過的音調進行面試。

學員們開始聚焦在自己說話的方式，不再受到死記硬背的文字所侷限，而我們卻發現了一直以來最缺乏的東西：信心。他們不斷尋找的字句，出自內心真實的字句，在新的自信心之下變得不那麼遙遠模糊，也更能輕鬆自在地說出口。

工作坊結束了，接下來發生的事很不可思議：兩個月之內，十二位參與者中有十位都順利找到工作！這簡直讓我像是「吞了金絲雀的貓」一樣，到哪裡都走路有風，心滿意得。我仔細地重新審視了自己的筆記，做了一些微調，迫不急待想要再次舉辦工作坊。

幾個星期以後，我帶著大大的笑容，走向生涯網絡服事的領導者，也就是我的好友包柏，得意地說：「你聽說了嗎？十二分之十，包柏，十二分之十！」

他看著我，帶著心知肚明的笑容，回道：「幫助他們變得可信、找到工作是一回事，但你能讓他們保住工作嗎？」

保住工作？我原以為自己已經大功告成，完全沒有想過這項成就是否能夠維持下去。不意外地，幾個星期以後，我親密地稱為「音友」的工作坊學員中，有一位回來了。然後又一個，接著再一個。六個月之內，十個得到工作的學員裡，有四位又再次失業。

我意外地發現了幫助他人獲得信任的方法，但不幸的是，卻疏忽了「持久性」。我的腳步不再那麼輕快，回到寫了課程規劃的畫板前，想要加入一些關於基本人際與政治的內容。

每個人或多或少都遭遇過厄運，但那個晚上研究著接近兩百人的觀眾時（其實就像觀察人類的培養皿），我發現這些人和同事、主管的相處中，遇到「厄運」的比例高得很不尋常。沒有能力聽出自己的音調，似乎也影響了他們判斷出他人會如何解讀自身行動的能力。有些最基本的工作場所需要的人際能力，例如知道該如何與老闆和諧相處、團隊合作、承認自己的錯誤等等，似乎也很欠缺。更讓人憂心的是，他們似乎都沒有意識到自己缺少了什麼。這就是為什麼這本書的主旨到最後轉變成維持他人對你的信任。

一將人際能力加入工作坊以後，我們就注意到參與者不只找到工作，也能持續保住工作。問題解決了，但其他人呢？

當我向客戶講述工作坊如何用更創新的方式訓練學員時，有許多因為信任問題而痛苦掙扎的人開始和我接觸。聽他們的故事很有趣，因為大部分的結論是問題永遠無法解決，只能妥協，找到不需要人際連結或尋求信任的工作。這些人會說：「我不會賣東西。」甚至聽到「銷售」兩個字都要毛髮直豎。

但人生有許多事是牽一髮動全身的，假如沒有其他人的信任，不只難以保住工作，有時甚至連家人和朋友之間，都沒有辦法好好相處互動。這樣的狀況下，還是必須面對信任的問題，無處可逃。

我們不太談論那些掙扎著想被信任的人。

但一想到有這麼多人受到這個問題的影響，不禁讓人覺得，這或許是我們社會所面對最重大的人格性問題了。

人們會不相信你總是有個理由。這本書不只將幫助你學習讓自己更值得信任的必要能力，也告訴你應當保持的正確態度。每個人都有需要「調音」的時候，而我很樂意擔任你的引導。讓我們開始吧！

重點不是內容，而是語調

老天，我們對文字多麼執迷啊！我們一個字一個字地學習，然後再組成一個句子，拼出一段篇章，寫下一頁又一頁。文字有時讓人大笑，有時讓人流淚。成長的過程中，我們被教導「文字」是個人溝通時最重要的工具。

好吧，我得說，我們都被誆騙了。假如文字真的這麼重要，為什麼很多人會因為害怕文字受到誤解或曲解，所以每次傳簡訊或郵件前都很緊張焦慮？會不會是因為光憑文字的話，其實根本無助於表達我們真正的情緒感受？我不是說文字沒有用，只是覺得文字的功能被高估了太多。

事實是，有太多人所遇到的問題，都和使用的文字沒有關係，而是如何贏得信任。我們可以想方設法來掩飾，但問題依舊會糾纏我們。我們可以尋找不需要正面和客戶互動的工作，但卻無法避免和自己團隊的成員相處。我們可以避開造成壓力不適的社交情境，但有些聚會場合卻無法避免。

經過足夠的時間歷練，我們或許能學會掩飾自己缺乏自信心。然而，越會隱藏，問題就會越大，也越難改變自己的行為模式。最終，我們會被逼至牆角。雖然迫切地渴望其他人相信我們，卻束手無策，也毫無信心，直覺地想仰賴文字拯救自己。有太多例子，文字幾乎注定讓我們失望，我們只好更加退縮到自我的質疑中。

假如自己都不相信自己，就不可能讓別人相信你。

其實，背叛我們的不是文字，而是使用文字的方式，我稱之為「語調」。聽其他人說話時，其實就像看著魔術師表演：魔術師希望將你的注意力吸引到哪邊，就會努力引導你看向對應的道具。然而，這只是個轉移注意的幌子，讓你不再注意他的另一隻手。文字是你注意的目標，但語調才是魔法發生的地方。

聽起來很簡單，的確，假如有這麼多人因為說話的方式，而非內容而感到苦惱，為何不聚焦在這本書要提到的「軟技能」呢？覺得很瘋狂嗎？我相信是因為引號裡的那個詞。該是檢視反思的時候了：把這個詞拆開成兩個部分看都沒有什麼問題，但卻不該放在一起，「軟」「技能」。

說到底，「軟技能」是什麼？這個詞指的是溝通、時間管理、解決問題、團隊合作、銷售、談判，以及基本人際相處等能力。「軟技能」常見的定義是「有效並和諧的與人互動」，聽起來挺好的不是嗎？

不幸的是，大家對「軟技能」的印象並不好。舉例來說，聽到「軟」這個字，你做何感想？眾多的定義可能包含：不需要太多的努力或付出。這也難怪許多公司在節流時，首先砍的就是軟技能培訓的預算。有誰會願意捐錢贊助課程來教授「不需要太多努力或付出」就能學會的技能？

假如你上網搜尋「硬」這個關鍵字（它是「軟」邪惡的雙胞胎），會看到的定義為「需要許多忍耐或付出」。這麼聽起來，硬技能才是應該咬牙學習的吧？硬技能指的是打字、寫作、數學、閱讀、軟體操作等高貴的任務。

問個簡單的問題：你可曾聽說有人因為不擅長打字、心算能力太弱、軟體操作能力低落，而失去工作、丟掉重要客戶，甚至人生徹底偏差嗎？這些都不是阻擋我們的問題，因為即便上述領域出了問題，總會有數不清的方式能修正。

相反的，軟技能很抽象，難以量化，但重要得多。事實上，越是深入探索軟技能的範疇，就越會領悟到這才是成功的關鍵。這就是為什麼在我的想法裡，任何有理智的人都不該輕忽軟技能，而必須正視這項時常被低估，卻足以改變人生的關鍵因素。

大部分在信任方面受挫折的人，問題都不是出在硬技能，而是因為從來沒有人教過他們如何快速建立連結，與正確的人同盟合作，何時應當保持靜默，如何有效率地與客戶連結，或者容我直白的說：如何銷售。沒有人教過他們這些成功必備的軟技能，因為我們社會對軟技能的重視遠遠不足。

在學校裡，找不到太多相關課程；畢竟，誰會想去推廣名稱是「軟技能」的課程？所以，讓我們把這個詞彙徹底改掉吧！

我考慮過「人際技能」或「生存技能」等說法，但最後相中的是「表現技能」。這個詞彙比起「軟技能」，多了幾分尊崇和迫切的意味，正適合用來形容這類職場的必要能力。「表現技能」將成為個人是否受雇用、受到其他人接納、得到升遷機會、贏得敬重的決定關鍵。

這本書將幫助我們尋找贏得他人信任的必要能力，而第一步是相信「自己」，所以我們會由此開始。接著，演進到幫助其他人相信你，以及當你面對無法避免的自我懷疑時，該如何維持勇氣和自信。最後，則將探討個人應該如何維持新獲得的信任。

一

相信自己

關鍵的四個字：相信自己。假如連你都不相信自己，其他人又怎麼可能會相信你？你曾經聽過「只要意念夠強烈，就能成功」嗎？要是真的這麼簡單就好了。事實上，「有志者事竟成」這樣的想法不僅是陳腔濫調，甚至會成為我們的絆腳石。

在體育項目中，我們時常會聽到這類說法，特別是當隊伍贏得重要的比賽之後：「我們不過是比對方更渴望獲勝而已！」渴望比其他人更強烈似乎能回答一些問題，但卻讓我覺得老套而謬誤。假如想在人生中成功，只要擁有比身邊的人更強烈的渴望就好，那未免也太容易了。

別誤會我的意思：強烈的渴望不全然是無用的態度，只是我們太過高估其影響了。我指導足球和籃球隊的經驗超過二十五年，從不覺得勝利僅僅來自強烈的渴望而已。事實上，我相信假如踏入戰敗隊伍的休息室，絕對不會有人說輸掉的原因是不夠想贏。當我們準備充分，努力練習，運用智謀，通常就能得到成功；而我們不會只歸因於強烈的渴望。否則，除了帶來虛假的希望之外，也可能造成精力的浪費。

一個人所能擁有最關鍵的特質，就是自信心。聽起來非常簡單明瞭，但對於某些人來說，卻足以改變一生。缺乏自信的人多少曾經聽過家人、朋友或同事的鼓勵：「只要相信自己就好了。」要是真的那麼簡單就好了。

相信自己並不容易，不是想要就能做到，往往也不會因為別人的言語而改變。這需要的是準備、練習，以及時間和隨之而來的技巧。我曾經指導過許多在這項人生根基遭逢挫敗的人，發現有些技巧對部分的人來說與生俱來，對其他人來說卻需要不斷練習；但每個人都能夠擁有！

我發現，相信自己的過程可以分解成以下的五個步驟，但也可以視為整體的轉變：當你願意走上其他人曾經走過的道路，最終就能和他們一樣，得到相信自己的能力。

努力去相信

沒辦法相信自己的人有多麼地意志堅定，總是令我驚奇。假如不相信自己就能讓成功的機率提升（哪怕只有百分之一），我也會當仁不讓，立刻加進每一堂課程裡，但事實並非如此。相信自己不只符合邏輯，而且在每個人的能力範圍內。即便是最猶豫不決的人，或許也都記得自己年紀很小的時候，可以輕易地相信長大後會變成消防隊員、太空人，或是達成任何夢想。

當你相信自己以後，要讓別人相信你就容易得多了。這意味著相信自己，相信自己所做的決定，也包含隨之而來的風險。然而，不能只是半調子的相信，必須得努力去徹底相信才行。這意味著決定相信，並堅守這份意志。

假如做不到，或許就會發生我所謂的「松鼠症候群」。想不到吧？我們其實能從松鼠身上學到一些東西。認真想起來，松鼠是種很神奇的動物；大自然在創造這些毛茸茸的小傢伙時，幾乎每個面向都想到了。松鼠速度很快、強壯、敏捷又聰明；然而，就像許多生物一樣，有著致命的缺點：無法當機立斷。如此的缺陷在許多路殺的悲劇中就可見一斑。

每個人多半都看過以下的場景：開車時前方出現一個黑點，閃電般地衝到路中間，應該有足夠的時間跨越馬路。接著事情發生了：松鼠開始質疑自己的決定。車子和松鼠之間的距離逐漸縮短，松鼠於是決定，現在不是過馬路的時間，於是選擇衝回原本那一邊。

在方向盤後方的我們呢喃著：「快啊，小傢伙，快決定。」彷彿聽見我們的心聲，松鼠做了決定：要再次改變自己的決定。原本很充足的時間已經壓縮了，此時衝到另一邊是險象環身。隨著車子越來越逼近，松鼠其實還是可能成功脫身，但牠又再次質疑起自己的決定。更糟的是，牠沉浸在猶豫不決中，甚至渾然不察自己身處於馬路正中央。很遺憾地，即使我們踩下煞車，卻往往來不及讓可憐的松鼠做出任何其他決定了。

不過，松鼠症候群還是能教我們一些道理，而且將會影響我們未來的行動。在相信自己這一塊，我們面對著兩條截然不同的道路，要做的就只是下定決心而已：但我們卻時常左右為難，無法從一而終。

當然，有時候正確可靠的抉擇能確保我們所冒的風險很值得。而今，是時候不再躑躅，下定決心相信自己了。我的辦公室裡有一幅約翰．雪德（John A. Shedd）的名言：「港口中的船隻很安全，但這不是造船的目的。」正說明了我的觀點。

路中央的黑點就是你，而克服猶豫的意志將趨使你向前，內在的聲音催促你勇敢地相信自己，飛躍至道路彼端。然而，隨著決心和行動的時間迫近，另一個聲音試圖打岔，鼓勵我們退後一步，重新評估這樣決心所伴隨的風險。

兩個聲音都沒有絕對的對或錯，但合在一起所帶來的認知失調卻可能造成悲劇性的後果。我們或許傾向選擇有風險的行動，卻又會試圖保持比較安全的姿勢，想要減低失敗的代價。這麼做的時候，其實意味著搖擺不定，沒有下定決心。我們處在最脆弱危險的位置：卡在馬路正中央，無處可躲。

當然，有許多選項可以幫助我們下決心：可以讀這本書、尋求他人的建議、做些研究調查、找個標竿目標，或是盡可能蒐集所需要的資料和情報。問題是，在做了這麼多之後，你可能會發現自己又回到原點，還是左右為難。下定決心對我們來說充滿挑戰性，卻又至關緊要，就像馬路上那隻松鼠一樣。

你應該很清楚我希望你做出的決定，而我正在路的另外一邊等著你！當你穿過馬路，無論前方有多少困難挑戰等著你，都請珍視自己勇敢的決定。一旦下定決心相信自己，並且鼓起勇氣相信這個決定，就可以把焦點轉移到個人的努力上。如果將成功重新定義為「我可以掌控的個人努力」，就會發現成功不再遙不可及。借用約翰．雪德的話，成功真的是我們生來注定的！

允許自己嘗試和失敗

對於不認識我的人來說，我是個競爭意識非常強烈的人，而這麼說其實還太含蓄了點。我享受勝利的感覺，對失敗向來抗拒；然而，所謂的第三種選擇才真的令我挫敗：連嘗試也沒有。如果回想一下人生中最大的成就，我敢打賭一定都是冒著失敗的風險換來的。事實上，我相信成就越大，失敗的代價就越大，對吧？

或許聽起來有點怪，但失敗是成功的夥伴，而不是伺機而動的敵人。我從未遇過只經歷其中一種的人；然而，失敗（或說，對失敗的恐懼），似乎總是比成功吸引更多的注意力，也更強烈。

對於失敗的恐懼會滲入我們的潛意識，降低我們嘗試的動力。

一旦入侵我們的思緒，對於失敗的恐懼會描繪出各式最糟糕的情況，使我們在意識到之前，就已經退縮放棄。

然而，假如我們將成功定義為「願意面對失敗」呢？假如我們不只歡慶成功，也慶祝失敗，因為我們付出了努力，也展現了勇氣？我相信，值得慶祝的勝利一定會因此倍增吧！更甚者，成功將會完全在我們的掌握之中，進而帶來更多的信心，讓我們更願意去相信自己。

很久很久以前，當我們還很年輕時，總是真心相信著，只要盡全力去嘗試，就能得到勝利。我們不害怕嘗試，因為無論輸或贏，成功的定義是從經驗中學習。我們不僅相信自己，也從每次嘗試中進步。然而，在成長的過程中，我們卻漸漸失去了這種心態。

日文有句簡單的諺語這麼說：「失敗教會我們成功」。我想，在我們還太小，還沒學會質疑之前，我們是懂得的。相信自己才能允許自己去嘗試，鼓勵自己去嘗試。最糟的情況是失敗。然而，因為害怕失敗而什麼也不做，反而比失敗本身更糟糕，難道不是嗎？有了這樣的鼓舞，再加上嘗試新事物的意願，我們最終都能達到一生中最偉大的成就：相信自己。

試著用他人的眼光看自己

大部分的人沒有辦法用他人的眼光看待自己，而這樣的盲點就會帶來自我懷疑。通常我們沒辦法將自我懷疑歸咎於某一個特定的原因，事實上原因錯綜複雜。然而，當我們一一面對每個層面時，懷疑就會縮小，最後消失無蹤。像個藝術家那樣，改變自己觀察的角度，往往會有些幫助。

我們可以從藝術家身上學到很多事。舉例來說，你曾經看過藝術家檢視自己的作品嗎？有時候是很認真地盯著看，有時候只是走過去而已。我的妻子是藝術家，假如你知道她最喜歡的檢視方式，或許會很意外吧！

其中一個方式，是走到家中最大的鏡子前，捧著畫很長一段時間，皺起眉頭，像是第一次看見這作品一樣。事實上，鏡子的映像幫助她用全新的角度觀看。鏡像是相反的，她可以用嶄新的角度檢視構圖，更客觀地看整個作品。

第二個方法則是透過照相機。她會為作品照幾張相片，有時候印出來，有時候則在電腦上觀看。你或許會認為，圖片的照片沒什麼太高的價值，但她信誓旦旦地說，這麼做能帶給她直接觀看所得不到的觀點。

她面對的是許多藝術家都有的挑戰：很難用其他人的眼光看自己的作品。相機和鏡子是兩種典型的解決方式，而我們即便不是藝術家，也時常必須學習面對類似的情境。

大部分的人都沒有辦法用其他人的眼光看待自己。

這可不只是小小的盲點而已，更可能是成功道路上的巨大障礙。如果沒有藝術家那樣的觀點轉換，就幾乎不可能用他人的眼光看事物。

在富士全錄公司舉辦兩周的培訓課程期間，受訓者每天必須在全程錄影的情況下，練習業務拜訪的角色扮演。每個學生的劇本台詞都很詳細具體，而指導者會一絲不苟地評論他們的每個行動和表現。

指導者所受的訓練是幾乎不評論受訓者的人格特色（例如長相、手勢、臉部表情等），因為學員每天晚上的功課就是評估分析自己的表現，並且在隔天早上寫出反思報告。看著自己的影片，可以讓他們用不同的觀點分析自己的表現。客觀的自我回饋就和專業訓練者的評價一樣有力。

至今，指導個人或小團體時，我仍經常使用這個方式。我會拿出智慧型手機或平板電腦，錄下學員的角色扮演或上台表現，然後立即將影片傳給他們使用。我希望他們能用其他人的眼光看自己，這往往和自己看到的完全不同。有時候這需要一點創意，可以利用鏡子、照片、影片，或是請朋友幫忙；

我們不能只相信自己的直覺。當我們能用其他人的眼光看自己時，就能有巨大的進步，其中包含減少自我懷疑，讓我們可以離相信自己更進一步。

平衡個人的回饋

我們對自己總是異常嚴苛，這令我感到驚訝。當給予自己評價時，這樣的嚴苛尤其顯而易見。簡單來說，我們對自己不夠好。或許聚焦在負面的評價是人性本然，但正面的回饋也是至關緊要的。假如我們沒辦法在自己身上看見正面的特質，即便其他人都發現了，也無法帶給我們真實的力量。

提升自我引導的能力，是減少懷疑、相信自己的另一個重要步驟。假如只有半調子的努力，那麼最後的成果自然就差之千里了；然而，假如全力以赴，則可能有令人驚豔的收穫。

接下來，我想分享三個步驟，能幫助改善自己的表現，得到信心，並突破蛻變。如果有機會站在鏡子前檢視自己，或是觀看自己的錄影片段，可以按照下面三個步驟來思考。

第一步

找出兩個你認為表現不錯的領域。對自己的表現有過度的批評很正常，所以做好和自己奮戰的心理準備吧。但要記得：假如不關注一些正面的表現，又怎麼能重複這些成果呢？如果能持續意識到自己的優勢，我們將不再迫切地注意到每個好與不好。正向的表現應當是優先關注的。

然而，我之所以會推薦從正向開始，還有個比較不那麼明顯的理由。這麼做時，會使我們調整心態，更加注意自己的優勢。一開始一定很不容易，但假如最直覺的自我觀察能帶來正面的結果，對我們的身心將有多大的助益啊！

第二步

找出兩個你認為可以改進的部分。先察覺不足之處，再深入探索修改的方式。有時，可以這麼問問自己：假如能再做一次，我哪裡會做得不一樣？

記得：目標不只是找出一些待改進的部分，更要有對應的策略。找到問題時，要選擇真的可行的解決方式，這或許意味著要將解決方式拆解為更細的步驟。舉例來說，我們不可能一夕之間取得大學文憑，但卻可以申請進入夜間部，以彌補自身訓練的不足。

第三步

用鼓勵的話語收尾，為自己打氣。這會讓我們充滿動力、正向樂觀、心情振奮。

三個步驟都完成以後，究竟應該達到怎樣的目標呢？首先，限制在兩個正向和兩個待改善的部分，會讓我們既能感覺良好，又有恰到好處的努力目標。想想這句諺語吧：**假如每件事都要強調，其實什麼也沒強調到**。

通常，在經過兩三次的嘗試後，這樣的自我評估會變成直覺反應。我們只需要放鬆坐下，傾聽自己按部就班地列出做得好的、需要改進的，以及改進的方式。

如果能平衡給自己的回饋，就能確保在敏感的領域也能公正地對待自己。不幸的是，大部分的人並不習慣善待自己；而假如鋪天蓋地用「我哪裡需要改善？」來批判自己，更是一點助益也沒有，畢竟你的答案可能是「每一件事！」

控制負面的聲音

幾年以前，《時代雜誌》刊登了一篇文章〈我們內在的聲音如何談論自己〉，而不幸的是，這類的談論不一定能有什麼建樹。一旦內在的聲音變得負面，就很可能讓人一蹶不振，所以我們絕不能輕忽其帶來的影響。

每個人都會聽見內心的小聲音，通常是在獨處的時候。這個聲音潛伏著，等待我們出現脆弱和破綻，彷彿細菌伺機感染傷口一樣，侵襲著我們相信自己的能力。這個聲音會從潛意識滲透到意識之中，一開始只是低語呢喃，卻可能在我們覺察之前，就已變成大聲咆嘯。

負面的聲音不只殘忍陰險，更誇大不實，會不斷鑽探我們信心的脆弱之處，而多數人卻不以為意、掉以輕心。事實上，負面的聲音常會偽裝成幽默的自我解嘲，每個人都經歷過：

▼當你踢到腳趾，負面的聲音聽起來是：**真的假的？你連在房間裡安全走路的能力也沒有嗎？**光這麼一句嘲笑似乎很無害，但事實絕非如此。負面的聲音不會只攻擊一次，而是越演越烈，等待下一次出手的

機會。

▼當你想不出問題的答案，聲音可能這麼說：**老天，就算是你應該也能解出來吧！**

▼當你迷路時：**或許你應該把方向刺青在手臂上，畢竟你什麼也記不起來**。

聲音聽起來可能只是在嘲弄，但你還覺得內容很無害嗎？你是否還認為這些話語不會讓你看輕自己？說到底，這些言語都出自你的內心，有時你甚至會大聲地說出來。

我想，假如聲音只是偶爾出現在你耳邊，或許傷害還不太大；然而，聲音卻是一波又一波地湧現。假如你任憑聲音發揮，你的內心可能會變成回聲室，讓負面不斷增強，淹沒所有正面的回饋。你希望聲音停止嗎？不可能。你越是去聽，它就變得越惡劣。

▼當你覺得挫敗，聲音可能會說：你就是**不夠好**才贏不了。

▼當你覺得寂寞：你會孤單是你**活該**。

▼當你缺乏安全感：你就是**不夠聰明**才無法成功。

我不認為這聲音只是在開玩笑，我一點也不覺得有趣，也希望你能認同我的看法。我們很難讓躲在潛意識裡的聲音禁聲，但當它侵入意識時，我們可以選擇不去傾聽，也絕不要大聲說出來。這聲音或許會努力說服我們不要抗拒它，但我們絕對有能力與之抗衡。

在二〇〇一年羅素・克洛的電影《美麗境界》中，有人問約翰・納許教授他所看見和聽到的事物，他沒有否認自己的痛苦，而是回答：「我已經習慣忽略這些，而我覺得它們似乎也慢慢放棄我了。我想，其實這和我們的美夢或噩夢很像……要一直餵養，它們才能繼續存活。」

我們可以選擇聽其他的聲音，而那才是我會鼓勵大家滋養的部分。這類的聲音會告訴我們：**任何人都可能踢到腳趾、回答不出正確答案、迷路、挫敗、孤單或不安。這都是生而為人的一部分，是活著的一部分。**同時，也是對自己寬容、幫助自己更相信自己的一部分。每個人都能因為更寬容的聲音而受益。

不要等到特殊時機才慶祝

當你依循五個步驟（努力去相信、允許自己嘗試和失敗、試著用他人的眼光看自己、平衡個人的回饋、控制負面的聲音），或許會經歷一些挫折。

面對現實吧：當我們掙扎著難以相信自己時，勝利成功就很難發生，而值得慶祝的事更是少之又少。然而，在艱苦奮戰之後，沒有什麼比慶祝更讓人感到欣慰的了。成功和慶祝似乎總是相輔相成，就像花生醬和果醬一樣。要說我是天生反骨也好，但我認為值得慶祝的事越少的時候，慶祝反而越重要。

在挫折中，發覺與慶祝每個小小的成就，其實挺有道理，而且不會有什麼損失。還記得上次慶祝任何成功是什麼時候的事嗎？這樣的經驗讓你更有力量，還是更軟弱？請不要告訴自己沒有什麼事值得慶祝，這不是真的，只是負面的聲音在欺騙你罷了。

有很多事情值得慶祝，值得為自己打氣，即便在重大的挫折之中也是：例如你不放棄的意志力、所有付出的努力。你可能為了追求成功，逼迫自己脫離安全區，展現出的勇氣難道不值得自我認同嗎？持續從錯誤中學習，難道不值得讚美嗎？無論結果如何，都堅持自己的計劃、追逐目標，難道不值得自豪嗎？

當我們感到挫敗時，不是渴望食物，而是渴望喜悅。

幾年前，我受雇指導由十名銷售員組成的團隊，期間長達一年。團隊中我最喜歡的成員是位女士，她對於成功有著強烈的意志，卻因為無法達成目標數字，而飽受公司銷售經理的打擊。對方看不見她的潛力，所以對她很刻薄。她在過去兩年都是團隊中表現最差的成員，於是對自己失去信心，認為自己能力不足，沒有辦法成功。但有趣的是，她在公司的第一年其實獲利很高。

我希望能為她找到任何形式的勝利；因此，我先設計了一場比賽，成員必須使用到他們正在學習的銷售技巧，而不是實際的銷售結果。我認為，這會讓她專注在自己可以完全掌控的事上：她的努力。而我的策略奏效，她領先群雄，拔得頭籌。

接下來發生的就更讓人驚奇了。勝利讓她的心態轉換，變得更有自信，在接觸客戶時有了相當正面的影響。往後的四年裡，她的銷售成績在公司中持續保持領先。

我們應當讓自己尋求並慶祝勝利，無論多麼微不足道都好。這會使我們的身體和心靈在最枯竭時得到滋養，並且直接地影響我們在面對重大挑戰時的競爭力。因此，別怕鼓勵自己，為自己慶祝吧！

如果想要讓其他人相信你，就必須先相信自己。這樣的心態是我們最強力的盟友，而我向你保證，為了自我保護，我們都渴望相信自己。不要想太多，也不要讓懷疑侵蝕你的信心。

準備好繼續前進了嗎？跟著我來吧！

二

恐懼與回應

一想到要採取行動提升自尊心，每個人都可能感到恐懼，美國第一夫人艾琳娜．羅斯福女士最有名的，就是她高雅而真誠的公開形象，以及對窮困者的極度溫柔體貼。她自述在成長的過程中，非常不擅長人際相處，也時常覺得不自在。見過美國前總統亞伯拉罕．林肯的人，都推崇他的個人魅力；然而，他的內向也廣為人知，甚至連日常對話都令他困擾不已。

這兩位領導者有什麼共通點？他們都了解與人交流的重要性，也都精於此道；兩人在這一方面都沒有天生的才能，卻都相信自己，並且克服了恐懼。其實，只需要辨識出自己的恐懼，並且採取應對的行動就好。就讓我們面對恐懼，揭開它們的真面目：迷思、誤解，以及溝通障礙。

「恐懼：情況對我不利
回應：從出現開始」

你還記得，上一次面對充滿挑戰性的艱難處境是什麼時候嗎？你是否認真思考許多理由，告訴自己不一定要撐下去？

假如你聽到內心的聲音告訴你情況多麼不利，這是很尋常的，而我們必須和這些聲音對抗。這些聲音很狡猾，不會直接叫你放棄，而是提出更吸引人的解決方式：不要出現就好了。

不久之前，我也陷入和負面聲音對抗的情境。故事大概是：我報名參加比賽，內容是兩英里的游泳競速，我以前參加過很多次了。往年，我會做好充分的訓練，而比賽內容並沒有多麼困難。然而，今年不太一樣，我知道比賽會很艱辛。隨著日期越來越接近，我開始感到不安。這就是恐懼，而我有許多需要擔心的：

▼和以往不同，我沒辦法如預期那樣訓練。我在養傷，所以游泳的練習量只有以前的三分之一。

▼和以往不同，我沒辦法在比賽接近時提升訓練量。我動了場小手術，賽前六個星期裡，有四個星期都不能下水。

▼和以往不同，我沒辦法找到適合的防寒衣，而水溫只有華氏六十七度而已。

▼和以往不同，我知道我的完賽時間會增加，在小組中得名的機率微乎

其微。

因此，我做了大部分人的直覺反應：試著說服自己不要出賽。為何要出賽呢？反正肯定不會太好玩，而且很可能被速度比較快的選手踢到或打到。

我越這麼想下去，不出賽這個選項就越吸引人。畢竟，假如我不出場，就不必面對輸掉比賽的失望了。想想我有多少好藉口，不出賽聽起來更是相當合理啊！有了各種好理由的加持，不出賽成了最理想的選擇。不幸的是，不出賽的另一種說法浮現，讓所有藉口都無所遁形，並且不斷刺激我的心：不出賽就是放棄。

或許你不喜歡放棄這個說法，那麼收手會比較好嗎？只要脫離舒適圈，就會浮現各種藉口：或許是要打電話給讓你緊張的客戶、面對困難的情勢、出席很想翹頭的會議，或是參加會令你精疲力竭的活動。例子可以一直舉下去，因為我們生活中都有讓我們痛苦不安的時刻。對於思考著到底要不要離開舒適圈的人，我的答案很簡單：出現吧！把這當成你的戰呼，或是你的座右銘。

我不確定自己到底會不會參加游泳賽，但我答應自己：我絕對不會選擇懦弱地放棄，留在溫暖的被窩裡睡覺。比賽前一晚，我把游泳裝備整理好，鬧鐘設定在清晨六點，並告訴自己：假如我去了，站在岸邊，判斷不是個下水的日子，那麼我允許自己不必下水比賽。

第二天早上，我準時起床，出現在比賽場地，而完全沒有考慮不跳下水。我還是得澄清，缺乏訓練的確讓我的速度變慢，而我的傷在比賽時更是不斷地提醒我它的存在。我覺得很冷，也被踢、被打了好多下。但我沒有在比賽前放棄，而我進入水中後，放棄也不再是個選項。

我很想告訴你，游完那場比賽對我有著很大的意義，但其實不然。在現實世界裡，假如準備不夠充分，幾乎不可能得到什麼有意義的勝利。但這個經驗的確提醒著我，恐懼和勇氣間的界線可以如此薄弱，而不出現的想法竟然如此吸引人。更甚者，你可以想像下一次感到恐懼焦慮時，選擇不出現會變得多麼容易嗎？

想辦法讓自己很自在地放棄，絕對不是鍛鍊心智的方式。即便面對極度不利的條件，了解到自己很可能被打擊，真正的鬥士也絕對不會在板凳上就放棄。確實，在出現以後，我們或許會面對自己最深沉的恐懼。或許突破恐懼後，我們會陷入極端惡劣的局勢。若是如此，拍拍身上的灰塵，從中學習吧！我可以向你保證：無論你覺得多麼不安，放棄所帶來對自己的失望絕對要糟上許多。就像伍迪・艾倫說的：「只要出現，就成功了百分之八十。」

下一次，如果你又緊張到胃痛，內心浮現很棒的放棄理由時，就象徵性地把鬧鐘設好、東西整理好，逼自己到現場吧。我敢打賭，只要這麼做了，無論先前阻止你的理由是什麼，你都會義無反顧地投入。

「恐懼：我沒辦法表現得很完美
回應：以不完美自豪」

驅策自己全力以赴，無疑是成功的關鍵之一，但別把試著做到最好和達到完美給搞混了。兩者或許聽起來很像，但卻是大相逕庭。全力以赴不只需要不抄捷徑的自律，也需要拿出自己最佳的表現；但完美就不同了，而追求完美的過程有時不會帶來完美，反而會摧毀我們的努力。

我們可以控制自己的努力付出，卻無法控制結果。

如果可以記得這句話，就能幫助我們在付出和結果兩方面都得到提升。追求完美不是罪，只是會誤導人。假如有一絲一毫的證據能反駁，那麼我會立刻改變方向，但追求完美只會帶來反效果而已。

畢竟，我們所能擁有的最大優勢，就是在表現出最佳狀態時，能不受到壓力的影響。難道你真的相信專注在完美上，可以減輕壓力嗎？

完美僅有在極少數的情況下才會出現，但這不是最頂尖的少數人所積極追求的。真的達到完美的人通常會告訴我們，他們即便已臻近巔峰，但完美從未出現在他們的思緒中。他們很清楚，只要一想到完美，就會造成壓力，進而抑制他們的表現。

在棒球比賽尾聲，當投手幾乎要完成一場完全比賽時，可以注意其他選手是如何盡力不專注在即將到手的成就。除了投球、保齡球和奧運之外，幾乎沒有什麼運動或職業會有「完美」的標準；然而，我們總是直覺地努力追求完美。所以我說，讓我們追求不完美吧！

我們的不完美，以及在舒適圈之外的表現，才是真正能讓人感到欽佩的。

不要害怕出錯，為何不把握可以向其他人展現真實自我的機會呢？出錯時，我們才能讓旁觀者注意到自己更私密、更不假掩飾的一面。一般來說，這樣的時機總是自然發生，無法事先規劃；然而，如此自然真實的一面，或許才是許多人真心希望看到的。面對預料之外的狀況時，我們向他人展現，自己在真實世界的壓力下會如何反應。這讓他們看見我們最人性、真實的一面，不完美反而讓人更能產生同理心。

我想，演員理察德・哈理斯的故事或許正說明了這一點。在他的演藝生涯中，曾經無數次扮演音樂劇《卡美洛》中亞瑟王的角色。在生涯晚期的某次演出中，他忘了自己成名曲之一的歌詞。雖然交響樂隊試著幫他掩飾，但他示意他們停止演奏。看見他走下舞台時，觀眾都倒抽了一口氣。他說：「我必須承認，我忘詞了。假如不會太困擾的話，你們或許可以幫助我記起來。」觀眾們眼中都帶著淚水，動作一致地站起身，唱出經典的《卡美洛》。我很確定，這樣的經驗觀眾們一定永生難忘。多麼希望我當時也在場。

追求完美固然是高尚的理想，但接受不完美卻是我們成為真實自己的大好機會。當我們擁抱自己的缺點，就會發現自己和周圍的人拉近了距離。我們將會展現出微笑和平易近人的態度，贏得其他人的好感，讓大家都更愛你！

「恐懼：我的準備不夠充分
回應：完成比賽吧！」

最折磨我們的恐懼之一，就是對未知的恐懼。我們都曾經被迫在沉重的壓力下進行溝通，而感到焦慮不安。有些人在壓力中反而脫穎而出，其他人則會被壓得動彈不得。我們常會聽到面對亦敵亦友的壓力，有什麼訣竅或想法，而我也能提供一些個人的觀點。然而，我相信在你做出決定、出現在現場，或是踏進房間時，其實就已經戰勝壓力了。

對於無法相信自己的人來說，反覆練習其實是最好的朋友。我們越常處於壓力的環境，就越能學會如何面對。然而，熟悉也會造成問題，因為我們容易變得自滿。你真的希望在重要的會議之前，免除掉全部的焦慮嗎？許願要小心啊。

我知道很多成功的銷售員，其實很期待業務拜訪或上台報告之前的輕微焦慮感。事實上，唯一會令這些人緊張的，是在會議前卻沒有任何感覺。這會讓他們覺得，自己今天的表現或許會很平淡。

事實是，我們都想要這樣的壓力，也需要這樣的壓力，壓力才會讓我們留下亮眼的表現。我們知道壓力會持續到對話開始的前幾分鐘，所以最初的幾分鐘往往是最艱難的；不幸的是，這也是其他人會最嚴苛評價我們的時間。

當我在指導學生時，總是聚焦在對話的前幾分鐘，因為假如受到壓力影響，最有利的開頭就等於是失守了。因此，我們努力練習在對話開始前的事。下面有三個簡單的動作，能幫助你面對任何的壓力情境：提早出現、作好心理準備、視覺化。

提早出現

我說的是很早！我常會感到訝異，有些人在上台前竟然只會提早半小時到場，然後才開始準備。我總是提早很多，理由如下：或許交通阻塞、或許導航系統故障，又或許我會找不到停車位。太早到場最糟的後果會是什麼？沒什麼大不了，就去買杯咖啡放鬆一下吧。

作好心理準備

通常，在重要的談話前會有許多事情進行。或許會有規劃之外的人想問問題、提出要求，或是尋求幫助。在意識到之前，你的名字就被叫到，你就得上場了。這真的是你希望「比賽」開始的方式嗎？早一點出現，這樣至少在上場的前幾分鐘，你不必擔心要回答問題，或是因為外務而分心。找個安靜的地方和舒適的椅子，或是散個步，讓心理準備好。

視覺化

我很難去解釋到底應該視覺化什麼，因為這完全因人而異。很多人會具象化演說的前幾句，或是自己想一些觀眾可能會提出的問題，又或是想像自己成功完成任務。

我內心的畫面則是賽馬準備好在賽道上奔馳。在腦海中，我緩慢在準備區裡走動，安靜而平靜，享受著比賽前的期待。

在壓力之下，我們常會受困於許多不必要的擔憂，而這多半是可以掌控的。為什麼要讓心轉向負面的事物，再增添自己的壓力呢？作好準備就是最有力的祕密武器，不只是為對談作準備，也要準備好對談之前的時間。充分準備後，讓心轉向正面的事物才合理，不是嗎？假如感受到壓力，提醒自己，正是在這些時刻，我們才真切感受到自己活著。

這才是我們能控制的！

享受自己的比賽。進入壓力的情況，的確可能面對許多風險和考驗，但這不是壞事！相信自己其實不外乎相信自己所做的事。這不代表要不斷說服自己接受或放棄各種想法，而是全心投入你既有的想法。

「恐懼：我不夠好
回應：相信自己」

我還記得，曾經有段好笑的時間，我忘了相信自己和自己的想法：更精確來說，我厭倦了它們。一開始似乎很無害，我在準備慈善演說時，融入了恰到好處的創意，讓整體變得更有趣，卻又不至於離題。接著，我卻做了件不對的事（假如目標是降低恐懼，千萬別這麼做）：我開始挑毛病。

起初，我加了一些額外的音效，告訴自己：說到底，多加一些音效也不會毀了整個演說啊！此外，這些音效會讓我笑，我相信也能逗笑我的觀眾。接下來，我又加了一些能讓觀眾更有參與感的活動。我認為自己安排得很巧妙，一定讓人印象深刻。因為一切看似美好，我又加了更多，非常多。我以為，這只會使我的表現更強而有力。

最後，像洩洪一樣，我結合了影片，然後是各種的表格、圖片和特效，甚至還找到二十呎的梯子（就是在倉儲式商場會看到的那種），用布料蓋著。我計畫在演說到一半時戲劇性地爬上去，從觀眾席的另一端俯視著他們。沒錯，我將帶領觀眾進入未知的全新領域！我陷入一種「越多越好」的狂熱。

這嶄新的狂熱席捲了我，催促我將除了廚房水槽之外，所有的內容都丟給觀眾。我的努力換來的是困惑不已、漠不關心的觀眾，他們似乎完全無法集中精神在演說的內容。有什麼東西讓他們分心了：就是我自己。

我們為什麼會覺得放越多東西進去，結果就會越好？我放了各種鈴聲哨聲，究竟是為了讓演講更好，還是要掩飾我的不夠好？荒謬的是，我們放得越多，結果反而會越空洞無力。理由很簡單：這些多餘的東西會影響到真正的內容。這些東西可能會改變呈現的樣子，卻不會讓人們更相信你。唯有精熟自己正在做的事，才能贏得其他人的信任。

當你的身心都做好準備、看起來蓄勢待發、隨時可以上場時，千萬不要聽信腦海中要你再加些東西的聲音。忽略這聲音，**因為假如你相信自己，全力以赴就已經綽綽有餘了**。

「恐懼：我就是不夠風趣
回應：接受相信真實的自己」

你就是你，假如你是很嚴肅的人，接受自己，努力成為最棒的嚴肅的人。假如你喜歡分析，接受自己，這不代表你不能向更外向、喜歡社交的人說明事情。假如你喜歡微笑，就這麼做吧。不需要試著變成別人的樣子，做自己就好。畢竟，有誰能比你更會模仿你自己呢？

接納自己真實的樣子，就能大大提升我們對自己的相信。幽默就是個好例子，我的許多客戶都向我表示，他們很怕自己不夠有趣，也擔心別人的看法。幽默對我來說很容易，或許是因為我特別喜歡以前的喜劇演員，例如傑瑞．路易斯、雷德．斯克頓、傑奇．葛里森、喬治．卡林、包迪．海克特、唐恩．瑞克斯，和米爾頓．貝里等等。也可能幽默是與生俱來的。但無論原因是什麼，我從不需要花太多時間思考如何變得風趣。

不幸的是，當客戶請我幫助他們變得風趣時，我就有些亂了手腳。我從沒學過什麼變有趣的公式。有些客戶甚至會請我為他們寫笑話，而我會用經驗法則判斷：通常希望我幫這種忙的人，就不是天生有趣的人。我知道這聽起來有點殘酷，但我們不需要變得很風趣才能相信自己，或是成為優秀的溝通者。有些人似乎對此感到不解，所以我想趁此機會破除關於幽默的迷思。

幽默是所有的溝通方式中，效益最被高估了的。

令我訝異的是，這句話似乎讓許多人困惑，甚至是震驚。歷史上許多偉大的演說家，其實都不被認為是風趣的人。他們最讓人印象深刻的，都是能吸引住聽眾的個人魅力，而幽默並不在其中。這些人包含許多偉大的總統、領導者和理想家，例如布拉克・歐巴馬、尼爾森・曼德拉、聖雄甘地，以及弗萊德・羅傑斯（譯註：美國兒童電視之父）。他們都改變了歷史，而幽默並非他們的工具。

問題是：為什麼有這麼多人希望在溝通的時候不像自己？這是因為他們擔心自己無法引起他人的興趣，吸引對方的注意力，這情有可原。我不是說幽默無法有效引起別人的興趣，只是幽默的效果完全被高估了。我想提醒你的是，達到這個目標有許多方法，大部分都用不到幽默！和客戶合作時，我會呈現超過二十五種引起注意的方式，而下面只是信手拈來的兩個例子：

提問

這是溝通最基本的部分，卻太常被輕忽。只要提問，就能讓別人感到有趣。事實上，提的問題越多，溝通對象說話的機會越多，對方就越能享受你們的對話。不需要努力變成厲害的說書人，只要準備好問題，聽其他人說故事就好。

非語言的提示

這可能涵蓋許多形式，但最重要的非語言提示就是我們的手勢和臉部表情。這不只會在對話中引起興趣，更有研究證實，任何訊息只要結合了正確的文字和非語言提示，帶來的情緒影響就會倍增。

若你能好好掌握非語言的提示（或其他天生擅長的技巧），就能巧妙地給人放鬆自在的感覺。你的溝通對象通常不會察覺到是什麼讓談話變得有趣享受，他們能注意到的是自己對你說的很感興趣。你不需要害怕自己不夠幽默風趣，只要專注在自己天生的優點就好，因為害怕從不是個選項。

「**恐懼：我無法掌控其他人的行動**
回應：重點是比賽，而非對手」

我現在不太常打高爾夫，因為一直沒有時間好好磨練我的球技。當事業興旺時，我沒有時間打球；當事業走下坡時，我更不可能去打球。但我曾經很常打，也打得不錯，更尊敬這項運動。

高爾夫球有一點很有趣，也曾讓我困惑：為什麼職業選手在比賽時，總是不去看記分板呢？他們可能一連打了四天的比賽，謹慎計算每一次揮桿，卻似乎對其他對手的表現絲毫不感興趣。即便他們真的瞥了一眼，通常也是在倒數一兩洞的時候。幾乎所有頂尖的高爾夫選手都是如此。

然而，如果是大學或職業籃球的教練，卻總是緊盯著記分板。根據看到的情況，他們會針對敵方的表現做出調整。畢竟，比賽必須要有好的戰術，更必須知道對手的策略是什麼。

菁英高爾夫球手的做法截然不同。如果想登峰造極，他們在生理的層面必須達到一般人難以想像的頂尖。但這只是成功的一半而已，他們也必須精通心理的層面。他們得平息所有的情緒，全神貫注，並且對揮出的每一桿都有絕對的信心。

這樣的心態對我們也有幫助嗎？回想一下上一次準備重要面試，或是和重要的客戶會談，你抱持的是怎樣的心態？多數人會抱持競爭者的想法：將時間分成兩等分，分別準備自己可以和無法掌控的部分。可以掌握的包含想提出的問題、準備的材料、整體的準備和演出。這些會給你信心，因為它們百分之百在你的控制之中。

事實是，我們也時常在不知不覺中，投注大量時間在我們無法掌握的部分，例如競爭對手的策略或是他們的整體表現。你或許會擔心工作或目標客戶背後，是否存在政治鬥爭和操作。我猜這些擔憂在一定程度上是合理的，但卻是我們完全無法掌握的，而且會大幅增加我們的恐懼。擔心對手的表現要怎麼幫助我們提升自己的表現？不可能的。現在看出菁英高爾夫球手心態的天才之處了嗎？

控制自己可以控制的：自己的表現和自己的準備。全力以赴地上場，不要因為對手而分心。有了這樣的心態，就能讓心情平靜，專注在即將採取的行動上。如此一來，才能表現出最高的水準，並且控制自己的恐懼。這是最理想的情況了，不是嗎？

我們不可能靠著許願，或是用某種絕地武士的心靈控制能力讓恐懼消失。恐懼存在於每個人的心中，但不代表能控制我們。通常，恐懼都來自不理性的想法，可以用邏輯輕鬆破解。因此，我們應當合理地接受恐懼是一種直覺，可以用理性來面對和管理。

三

讓其他人相信你

相信自己以後，就準備好將砲口向外，說服別人相信我們了。表面上，讓別人相信我們似乎很簡單，而對於少數幸運的人來說，有時候確實如此。但請放心，世界上的每個人，都曾經有過懷疑自己是否能得到信任的時刻。事實上，許多人嘗過太多殘酷的拒絕，幾乎要開始懷疑自己存在的意義。

上述的事不是為了打擊你，而是為了帶給你一些激勵。沒有人能免於質疑，這也就是為什麼在尋求他人的信任時，我們必須建立起一套標準流程。在表現好的日子，使我們可以自我肯定；在不順利的日子，則幫助我們發現問題。

讓人信任的原因，不在於我們知道些什麼

為什麼有這麼多人會受到誤導，以為只要知道的越多，可信度就越高，別人也就會越信任自己？當然，如果站在一群人面前，意識到他們可能會問自己答不出來的問題，的確會讓人覺得渺小不安。這時，我會拿出便條紙，宣告：「我不是無所不知，但我知道可以在哪裡找到所有的答案！」沒有人

會期待你當百科全書，大家都知道你和他們一樣，只是個正常人。

問題是，如果你很不幸地對於某件事夠精熟，或許就不再需要拿出便條紙了。我說會「不幸」，是因為你的知識廣博可能會讓其他人感到挫折，進而轉變成不信任感和尖酸刻薄，甚至有可能演進成攻擊性的行為。為什麼？嫌你知道太多嗎？

聽起來或許很奇怪，但人們其實會相信有勇氣承認自己不知道的人。一旦承認以後，就會讓人們信任他們所能提供的答案。宣稱自己知道每件事，其實正傳達著負面的訊息，最終會削減人們對你的信任。

我曾經和一些著名的專業講者合作，而他們都曾經違反公開演說最關鍵的原則：他們會說謊。聽到分析能力強的觀眾提出第二或第三困難的問題時，他們就會稍微停頓，皺皺眉頭，說：「這是個好問題。我認為答案是如此這般，但讓我回去查一下再回覆你。」

當下，你會看見觀眾席鬆了一口氣。我不是提倡欺騙，而創造出不知道答案的假象卻能贏得信任，聽起來很荒謬；但這些專業講者很清楚，表現得無所不知會引起反感，降低聽眾對他們的信任。我們不需要站在一群聰明人面前，就可以學會這簡單的一課。

作家愛德華．艾比在《沙漠隱士》中寫道：「錯誤的行為，有時卻必要而正確。」如此的智慧值得我們借鏡，特別是在利用巧妙的時機，贏得其他人的信任時。難以取信於人者和輕易獲得信任者最大的差異是，缺乏信心的人會對自己所不知道的事物過度執迷；相反的，有自信的人不只會接受，甚至會擁抱自己的無知。

找到自己的溝通節奏

有效的溝通，其實有明確標準的節奏，只要好好掌握，就能大幅提高人們對你的信任。有趣的是，我第一次注意到這個現象，是十六歲開始打工時。

我的第一份工作是魯斯七鎖電影院的招待員，在馬里蘭州的波多馬克。我驕傲地穿著紅黑兩色的西裝外套，像個專家那樣控制我的手電筒。我也靠著影廳後方的牆壁，看了許多部電影。

這是難能可貴的經驗，因為當我反覆看夠了同一部電影時，我開始觀察觀眾。當然，我只能看見他們的後腦，但也讓我學了很多。在電影緊湊激烈的部分，每個人都動也不動；當緊湊的氣氛舒緩時，每個人的注意力也跟著鬆懈。彷彿接收到隱形的訊號，上百個人不約而同地在位子上調整姿勢、伸展，或是伸手拿爆米花和飲料。假如播出的是部好電影，休息時間不會太長，很快地大家就會再次全神貫注、屏氣凝神了。

動作的起落會創造出一種節奏，而電影的編劇和導演會精密地計算編寫出他們希望你感受的節奏。過度緊湊會使觀眾精疲力竭，對於電影傳達的訊息越來越麻木，甚至失去興趣；動作戲太少，則會讓觀眾睡著。然而，正確結合緊湊和舒緩，則會令觀眾感到興奮刺激，緊緊地黏在椅子上。

這樣的節奏也是我們溝通的一部分。我們總會試圖在話語中加入能量和力道，假如每個字都維持同樣的強度，一開始或許還能吸引聽話者，但效果持續不了太久。你的溝通對象會變得煩躁、坐立難安，原本似乎振奮高昂的語調，則逐漸轉為惱人嘈雜的噪音。最糟的是，人們很難抓到你的重點，因為他們根本不知道要從何找起。

好萊塢的編劇和導演都很了解，透過電影的文字和動作，他們想讓觀眾感受到什麼。他們知道自己希望觀眾記得什麼訊息，離開電影院時又哼著哪一首配樂。和別人溝通時，你就是自己電影的編劇和導演。你說話時，希望觀眾有什麼感覺，又記得什麼內容呢？

一旦決定了想要傳達的核心訊息，有些方法可以讓其他人快速掌握：

▼放慢語速，吸引對方投入
▼加快語速，掌握對方的注意力
▼加重語氣，強調重點
▼加入非語言的暗示，強化訊息

選擇適合的時刻，改變你的口語表達方式，這將大幅提升其他人對你的信任。只要注意自己的聲調和節奏，並學習善用停頓的力量就好。

善用停頓的力量

我們的社會似乎不喜歡沉默！我們會無所不用其極地避免沉默，例如花好幾個小時準備談話，確保不會有任何讓人不自在的沉默。即使沒什麼好說的，我們還是會開口說話，甚至會加入「呃」和「啊」來確保每個字句間沒有沉默的時刻。然而，荒謬的是，停頓或許是我們所能利用的溝通工具中，最強而有力的。

口語的溝通有三種方式：陳述、提問、傾聽。這三種方式中，一再證明：

提問和傾聽是溝通最重要的兩種方式。

聽起來夠簡單吧？但假如在提問和傾聽之外，又加上我們對於沉默的恐懼呢？某方面來說，這會導致一場風暴，或者該說是一場差勁溝通的風暴。我們知道自己必須提出問題，才能讓其他人相信我們，同時卻也要主控整個對話；然而，若不能讓對方相信你會真的傾聽答案，問題就是無效的。

下面這類的情形你應該不陌生：

▼為了保持主控權，我們時常在對方回答完畢之前，就試圖想出下一個問題。如此一來，我們不僅可能會失去寶貴的資訊，更可能問出已經回答了的問題，向對方展現了我們傾聽的能力有多麼差勁。

▼即便專注在當下，我們也可能急躁地想要找機會問更多問題，而不是體驗當下的靜默。假如我們的提問很深入、切中紅心，就必須傾聽並思考對方的答案，而不是快速地追問下去。

這些道理似乎淺顯易懂，但為什麼我們不多停頓一點呢？答案很簡單，因為讓對話停頓並沒有我們以為的那麼容易。

停頓之所以這麼困難，其中一個重大理由是我們的內在時鐘。時鐘在這裡只是個譬喻，因為內在時鐘的量測單位和真正的時鐘不同。事實上，它運作的比真正的時鐘更快。假如你不相信我，只要和朋友坐下來聊天，測量一下對話中你認為暫停的時間就好。沉默讓我們很不自在，以至於我們的內在時鐘的速度是實際上的三倍。感覺起來過了三秒鐘，實際上可能僅僅一秒而已。

假如聽你說話的人也使用你的內在時鐘，那倒是還無所謂，但他們用的是真正的時鐘！你認為過了好幾秒，對方可能覺得不到一秒鐘，因此懷疑你根本沒有在聽他們要說什麼。假如對方懷疑你沒有聽進去，自然也就不會覺得你說的話有任何值得信任之處了。

想像一個這樣的對話：

你：假如不會很困擾的話，我想聽你說。

某甲：我從來沒對別人說過，但這一部分一直讓我很擔憂。

你（一秒之內）：你為什麼這麼覺得？

應該不難看出，你的問題在對方眼中看來有多麼不真誠吧？多年來，我都幫助客戶面對這個問題，而我有個祕密武器：節拍器。我會創造出需要問深入（有時甚至痛苦）問題的情境，並且讓參與者真的提問和回答。我將節拍器設定在輕鬆的步調，而在其中一方回答問題後，另一方必須等待三拍之後才能以任何方式回應。三拍或許感覺漫長痛苦，但實際上不過是三秒鐘左右而已。那麼，我們該如何善用這三秒呢？

▼眼神接觸

▼用臉部表情反映出對方的表情

▼表情顯示我們認真傾聽，專注在對方說話的內容

▼真正將對方的話聽進去後，就能展現出自然而然的同理心

讓自己體驗過停頓的力量後，我們會發現自己和對方建立起更深刻的連結，也讓對方更信任自己。這或許需要節拍器或一點節奏感的幫忙，但只要經過練習，每個人都能做得到。

背叛我們的通常不是文字，而是文字間的空檔。

發展出溝通的時限鐘

職業籃球比賽的節奏非常快，其中一個理由是選手必須在規定的時間內出手，而這時間會由時限鐘（shot clock）來計時。球員通常都用一隻眼睛注意對手，另一隻眼睛注意時鐘。如此一來，比賽就會緊湊刺激，抓住我們的

注意力。假如溝通時也有時限鐘，應該會很有趣吧？時限鐘一定能幫助我們提升可信度！

我小時候很幸運，其中一個理由是我的父親李・喬利斯，他教導了我許多有趣的事。當中最讓我受用的教誨，或許連他自己都沒有意識到。我父親就像大多數家長一樣，會詢問孩子一天過得如何。他會拉一張椅子，直視我的眼睛，無論我接下來說什麼，這樣的專注都會維持大概四十五秒。接著，他會開始飄移，先是精神上然後是身體上。年幼的我會因此而不開心，但這教會了我相當重要的溝通技巧。無論是否意識到，他都使用了溝通的時限鐘。

我們的社會要求我們無論做任何事，都要加快步調，特別是溝通這方面。電子郵件越來越快，書本越來越薄，推特的字數有限制，而部落格也越來越簡短。每種溝通的形式都企圖達到同樣的目標：吸引閱聽者的注意力。畢竟，假如無法讓對方感興趣，就很難贏得其信任。

我想，假如父親還在，應該會對這樣快速的溝通環境感到興奮吧！他總是希望快一點得到訊息，希望重點被強調出來。最重要的是，如果想要知道更多，他就會提問。

五歲時，我或許說話還沒有重點，但八歲的我就不會了。我學會如何回應問題，提供吸引人的答案，並且不疾不徐地說完，而且這一切都在四十五秒之內結束。人們會相信我所說的，並因此而做出反應。**與其提供許多例子說明，我發現只要給出最佳例證就好；與其試著猜測對方會喜歡故事的哪個部分，我會留給他們自己決定**；與其猜測我的發言時間該多長，我讓自己內在的時鐘來決定。

溝通時限鐘可以在下列情境發揮功能：

▼當我們希望贏得對方信任，並且輪到我們發言時，不應該自顧自敘述想法。我們必須簡潔扼要地將對方的需求，和我們想法提供的價值連結在一起。

▼參加面試時，我們不需要一直說關於自己的事。我們必須具體將雇主的需求，和自身的優勢連結在一起。

▼寫作時，不需要大篇幅地闡述某個重點。我們必須盡量精確，並且為願意閱讀的善心人提供一些價值。

如果我們謹慎控制自己的發言，溝通時限鐘就可以設定在四十五秒。更甚者，有了這個工具，就不再需要花時間揣測哪些部分對聽者來說最有趣。相反的，我們只要呈現簡潔的訊息，讓聽者自己決定就好。他們的回應會告訴我們，他們想再多知道什麼。

童年時，父親或許對我很嚴厲，但我卻非常感激他教導我的溝通真諦：簡潔和切中要點。猜猜看這麼做會有什麼收穫？沒錯，人們會越來越相信你。

擁抱不完美

我尊敬每個一絲不苟地準備並且全力以赴的人，無論他們的任務是什麼。畢竟，我會預期自己的醫師、律師、會計師和其他依賴的人，都做了一定程度的準備工作。同樣的，我也期待自己的客戶做好準備。然而，這不代表我們必須因為不夠完美的時刻而感到挫敗。

幾年前，我的同事為一間保險公司主持一場研討會。他準備要進行一個活動，來追蹤志願者近日的購買行為。現場大約有三百名觀眾，當主持人尋求志願者時，只有一個勇敢的人舉手，尷尬地承認他最近買了一台車。我的同事安排了記錄者，自己則走入觀眾席，手拿著麥克風，開始問準備好的一系列問題。

第一個問題最簡單，而接下來近似戲弄的對話則讓我想起電影《我的表兄維尼》（*My Cousin Vinny*, 1992）中的法庭場景——人們嘲笑演員喬・佩西對「青春（youth）」這個字的發音。當天的對話大概是這樣：

主持人：你買了什麼車？

志願者：兩噸的客貨車。（南方口音很重）

主持人：你說什麼？

（有些觀眾發出笑聲）

志願者：兩噸的客貨車。

主持人：呃，那是什麼？

（更多笑聲）

志願者：什麼？

主持人：你是說「兩噸的客貨車」嗎？

（笑聲又增加了）

志願者：對，兩噸的客貨車。

主持人：什麼是兩噸的客貨車？

（全場哄堂大笑）

從觀眾的爆笑，我們不難看出主持人的不安帶來十足的娛樂效果。在接下來的十分鐘裡，志願者和主持人彷彿在跳著充滿節奏感的雙人舞，志願者不斷向主持人丟出他沒聽過的字，而主持人則努力的蒐集訊息，試圖讓活動順利進行。

然而，我看得出主持人對於汽車機械這領域的困惑和無知，某種程度上是裝出來的。最終，志願者給了主持人他要的答案。但在觀眾的眼中，是志願者讓主持人費了好一番功夫才達到目的，而這就是神奇之處。

那個活動只是研討會的一小部分，但卻是課程結束後，參與者持續討論的。當主持人和主辦研討會的客戶溝通時，這也是客戶最想談論的。好幾年後，我同事在路上遇到當天的觀眾時，他們仍然想談論這個。

人們對內容的印象，通常不如對整體經驗的印象。

如果你很好奇，為什麼這麼多人持續詢問這場研討會？那是因為主持人又受雇舉辦了更多場次。客戶非常喜歡第一場，所以連續五年的員工訓練都雇用同一位主持人。當我的同事一走進訓練機構，他就會聽到：「是那個兩噸客貨車的傢伙！他真的很行，對吧？」每次聽到這個，他都用同樣靦腆的笑容說：「對吧！」

想要贏得任何聽眾或個人的尊敬，最好的方法不是表現出你的知識多淵博，或是你總是能按照計畫完美演出。贏得尊敬的方法是在計畫之外的時刻，表現出你的靈活和應變能力。

人們不想看到你多完美，而是希望看到你人性的一面。

這代表我們應該計畫好演說或談話的意外時刻嗎？其實不然，而是我們應該擁抱意料之外的時刻，學著放鬆並臨機應變。這麼做的同時，我們也朝向更自然、更真實的方向發展，不僅能幫助其他人更相信我們所說的，更可能帶來令人難忘的對話溝通。

注意銜接

當你希望贏得信任，在呈現想法點子時就必須小心。我們通常對訊息本身過度執迷，卻太少注意到提出來的時機，以及說完之後的發展。只要觀察厲害的表演者，就能了解我的意思了。而且不需要看現場演出，聽現場的錄音就足夠了。

就我的記憶所及，我一直很喜歡買現場錄音的音樂：現場演出專輯、八軌道磁帶、卡帶、ＣＤ和下載音樂。我喜歡這樣的音樂，也喜歡這樣凝聽表演者。我喜歡現場演出，因為這讓我能相信那樣的音樂。

我最喜歡的現場錄音之一，是美國無線電公司的《與約翰・丹佛的夜晚》（*An Evening with John Denver*），錄製於一九七四年，發行於一九七五年。丹佛是現場演出，歌詞和音樂都美得不可思議。當丹佛唱歌時，我們都相信他，但這是為什麼？

▼是因為他寫的歌嗎？或是演唱？兩者都很美，但也很簡單。

▼是因為他的聲音嗎？再者，雖然他的聲音很美，但還有其他更美、更豐富的歌聲。

所以到底是為什麼？我想是因為他在每首歌之間所分享的事。除了歌曲本身，我也很享受這樣的分享，甚至有過之而無不及。當丹佛告訴我們他的想法、行為或感受時，並不會改變他的歌聲，卻改變了聽眾的感受，讓我們去相信。

就是這類的即興演出，對於周圍環境自然的反應，無法事先規劃準備的時刻，才能真正讓人變得值得相信。**聽起來很荒謬，但越是努力演練、力求完美，反而越難得到其他人的信任**。

現在，我們已經了解到在不同訊息之間，甚至單一訊息之中，都需要適當的銜接轉換。接下來就談談最終的銜接吧：銜接到強而有力的結尾，我稱為「轉出」。

轉出

我是在一次廣播節目的訪問中，意外發現這個概念的。主持人的步調幾乎和我一樣緊湊，而因為我們不在同一間錄音室，他說話時看不到我，也無法判斷我究竟回答完了沒。他不希望在我說完時陷入死寂，所以時常打斷我。

為了解決這個問題，我開始給出比較清楚的轉折，在即將結束前放慢一點，讓音調降低：**如你所見，吉米，為了保護這項投資，我們不會只把這件事看作訓練過程，而是當成組織內部的文化改變。我會親自在場確保你**（開始放慢降低）

能

做

得

到。

這樣的回應或多或少也融入了我的個人風格，同時也必須考量溝通對象的個性是否適合。但重點很清楚，在進入重要的訊息以前，必須有適當的轉折銜接，訊息之間也是，最後則透過降低音調和語速轉出來結束對話。這樣的技巧能幫助我們贏得更多信任，因為你的表達方式給了訊息本身抑揚頓挫，讓重點更強而有力。

我們很自然地會想聚焦在訊息本身，這麼做能幫助我們有效地傳達訊息。這樣很好，但卻未必能幫我們贏得更多信任。當我們在訊息中加入銜接轉折，並且有恰到好處的轉出時，就能讓回答從「很好」提升到「非常好」了。

記得：傾聽勝於說話

在自己的場子時，說話和聽話的比例應該大致相同。這點已經沒什麼好質疑的，也不是什麼奧祕。然而，到底有多少人真的能達到這樣的理想？

假如問別人為什麼喜歡說話，他們的答案大概是，說話會讓他們覺得自己能掌控整個對話。我們太常聽到努力準備商務會議（或甚至是第一次約會）的人說：「我必須想好自己要說什麼？」說什麼？如果是我在準備，就會把時間花在想出要「問什麼問題」。

說話的人，通常不是控制整個對話的人。

我常會用智慧型手機向人們證明，雖然他們以為自己聽的比例和說的一樣，但事實並非如此。我會誤導小組（沒錯，專業講者有時會這麼做），告訴他們我想評估他們的溝通風格。當他們聽著錄音檔，發現說話和傾聽的比例是十比一，甚至二十比一時，我的論點就很清楚了。

我得承認，問問題並不是直覺反應，而且不太容易，需要許多努力；然而，若想追求更有效的溝通，就必須學會這個技巧。能夠掌握了以後，就準備好進行讓大多數人感到棘手的任務：傾聽。

世界上的每個人，在尋求其他人的信任時，都必定經歷過挫敗。但要讓其他人信任你，並不需要與生俱來的獨特基因，而是需要努力付出，並且在受到挫折時，仍然自律地站起身來，再試一次。

四

更上一層樓

贏得其他人信任的原則很簡單明瞭，然而卻讓許多人屢次受挫。這是因為其中涉及的面向太多，遠不只是學習一套流程而已。想要贏得信任就必須付出努力，需要耐心和意志力，也需要讓自己更上一層樓。這些動作似乎就是一套流程，但「這件事」讓一切困難複雜得多。你或許很好奇，「這件事」到底指的是什麼？這真是個好問題！

「這件事」讓一切不同

一陣子以前，我回顧了自己最喜歡的電視廣告之一，那是稱為「被偷竊的點子」（The Stolen Idea）的聯邦快遞廣告，現在還可以在 YouTube 影音平台上看到。廣告的場景是會議室，執行團隊正在想辦法降低成本。有個傢伙提出了聽起來很棒的點子，在一陣靜默之後，老闆提出了一模一樣的想法。當團隊為老闆歡呼時，先提出點子的傢伙挫折地說：「你說的和我完全一樣，只不過多了這個。」然後他做了個手勢。老闆回應：「不，我做了這個。」然後他比了個稍微不一樣的手勢。在場的每個人都贊同老闆的話，並且向他道賀，廣告結束。

如果搜尋「聯邦快遞被偷竊的點子」，你會看到許多相關的評論，大部分都是負面的。飽受抨擊的不是廣告本身，而是其反映出的現實：功勞時常被沒有付出的人搶走。我認為，廣告中另一個截然不同的訊息被忽略了。

請再看一次廣告，這次專注在一開始提出點子的人，注意他的儀態。他的點子雖然很好，但他表達時猶豫不決，缺乏信心。無論他說的內容再怎麼豐富，都因為他毫無理想熱情的語氣動作而淡然失色。

現在注意老闆怎麼做：他不只是重述了字句，更透過音調、語氣、臉部表情、手勢和肢體語言來推銷這個想法。老闆先利用了停頓的力量，然後糾正他的員工，指出他的動作和語氣有什麼不同。接著，你會聽見其他人說：「這讓一切都不一樣了。」他們說的很對。

「這件事」恰好是我們所傳達的任何訊息中，相當關鍵的部分。溝通專家麥拉賓（Albert Mehrabian）的「7-38-55」人際溝通法則給了我們分析這個廣告的框架。起初，這項法則其實只適用於感受和態度（但卻廣泛地被誤用），指出訊息中百分之七的情緒影響來自我們使用的文字，這是廣告中員工所掌握的部分。

然而，光靠文字本身並不足以說服別人。訊息中百分之五十五的情緒影響力來自肢體語言，這部分可以在老闆的表現中觀察到。剩下的百分之三十八則來自音調、語氣、語速、說話的節奏，以及停頓的力量：這就是我說的「這件事」。

我們不需要面對面，就可以感受到表達方式的影響，所以有句話說，你可以聽見別人的微笑。不相信嗎？可以試試這個語音訊息測試：用一般的說話方式，為自己留一段一分鐘的訊息。接著，站起身來，面帶微笑，想像面前有個人，再留下一樣的訊息。重播兩則訊息，哪一則比較像你呢？

無論你是銷售員、經理、講者、父母親，或是任何希望贏得信任的人，如果你希望自己的文句有點力量，就必須學「這件事」。一旦這麼做，你就朝著信任之路更邁進一步了，而且還會驅使身邊的人做「那件事」！

還是不相信語氣和文字一樣重要嗎？只要看看川普總統的崛起就會懂了。無論你的政治觀點為何，我們都必須佩服他在面對友善的群眾時，所展現出的強烈信心。在競選期間一段充滿爭議的宣言之後，他洋洋得意地說：「我可以站在第五大道上射殺某個人（做出拿槍的手勢），也不會失去選票！」不意外地，他不擅長看著提詞機說話，因為雖然顯示出文字，卻沒有顯示語氣。然而，當他（和其他像他一樣的人）能結合文字和語氣時，所傳達出的訊息卻是相當真實不造作，讓人願意相信了。

當我們仔細想想「這件事」的力量，和我們的語調，或許會覺得說話的內容一點也不重要了。這不是真的，**內容很重要，但唯有結合內容和語調，才能發揮最大的力量。就像俗話說的：「不只是說話的內容，更是說話的方式。」**

重要的不是人們聽到什麼，而是感受如何

現在，你應該已經了解我的論點：文字內容被高估了。其實和其他人相比，我對文字的依賴程度高得令我愧疚。我教導人們如何用正確的文字創造信任，如何問對的問題。我示範如何用適當的文字，去說服、影響、表演和一般性的溝通。很多人告訴我，我擅長運用文字，但我有時忘了提醒客戶，假如缺少了情緒等方面的投注，文字本身可能毫無意義。

我常在研討會提到自己很喜歡的故事，來說明這一點：馬克・吐溫有很多出名之處，其中之一是他咒罵的頻率。很顯然，這大大惹惱了他的妻子。據說，某天刮鬍子時，他不小心割傷自己，於是脫口而出一長串的髒話。他

的妻子在別的房間裡大為光火，拿筆寫下他出口的每個字。當他走近時，她把這些一字不漏地念給他聽。他認真地聽著，微笑著說：「非常好，親愛的，你把字都記下了。但你還不知道語氣啊。」

花點時間想想你的語氣吧：

▼當你請別人分享經歷時，你的語氣真誠且在乎嗎？
▼當你請別人說說他們的擔憂時，你的語氣表現出真實的同理心嗎？
▼當你請別人相信你時，你的語氣會鼓勵他這麼做嗎？
▼當你請別人信任你時，你的語氣反映出你值得他們的信任嗎？

重要的不只是文字內容，更是我們的說話方式。但讓我們再深入一些：到底要怎麼找到正確的語調？其實答案就在眼前。

實話實說就好

追求信任、尋找正確語調的過程可能很艱辛，但最有效的解決方法其實就在我們眼前：說實話。如果希望別人信任你，就必須說實話。花一點時間想想：最容易贏得信任的方法就是說出真相。說到底，唯一知道自己是否說實話的人，就是你自己。

假如連你都不相信自己所說的，那麼即便文字內容不會背叛你，你的語氣也會洩了底。如果不說實話，就像演奏樂器時每個音都是平板的。當人們說謊時，他們臉部的表情會稍微僵硬，非語言的提示也和文字內容不同調。越是努力想調整這些不自然的「表徵」，他們的不真誠反而就越明顯。

當你希望別人相信你的想法、產品，或是你這個人時，同樣的道理也適用。如果你相信，你的語調就會支持你的說法，甚至連我們過度依賴的文字內容，也會變得比較信手拈來。意思是說，如果你覺得自己代表的公司、產品或想法還不及格，那就把時間和精力花在改善精進。假如你覺得自己不夠好，那麼全心全力地提升自己吧。

我知道要找到改進提升可能很複雜，但有時候只要能踏出舒適圈，戰爭就已經贏了一半，剩下的就是追尋改變和解決方式了。如此一來，事實就會站在你那邊，而你的可信度也隨之提高。

當你相信自己，要得到別人的信任就沒有那麼困難了。

不需要想太多，不需要做過頭，有時甚至什麼也不用做，只要說出真相就好，而你的文字內容就會和語調相符。你會距離所追求的真誠語調更進一步，和你溝通的人將不再只聽見內容，也會感受到，並相信你所說的。

說的像真的一樣！

我想，大部分的人在成長過程中，應該都打過一些有趣的工，至少我是這樣。其中一項特別有挑戰性的工作，是在高中最後一年時，和好友包柏．赫勒一起擔任裁判，執法了十幾場比賽。

我很羨慕包柏，因為他身高比我高六英吋，體重也重了五十磅。他的聲音比我低沉許多，所以在他判決時，沒有人會質疑。因為我的身高和嗓音不如他，當我判決時，每個人都會質疑。包柏和我用的四個口令完全相同：好球、壞球、出局、安全上壘，但得到的結果卻是天壤之別。

在某一場特別激憤的比賽中，雙方的教練都因為不同意我的裁決，而數度喝斥我。回到家時，我非常沮喪，告訴父親我想要放棄。我父親似乎無法理解，因為他知道我熱愛比賽，也很認真看待自己的工作。當我告訴他教練的抨擊後，他要我示範怎麼判決。我很緊張地擺好裁判的架式，假裝看著投手投球，並舉起手說：「出局。」

父親看著我，說他不需要再看下去了。他請我再試一次，但這次要大聲一點。我又擺好姿勢，說：「出局！」他的表情告訴我：他不滿意。我可以看到他的海軍魂浮現，嚴厲地指示我再一次，再大聲一點。我大喊：「出局！」

接著，他喊回來：「你確定嗎？」我犯了個錯，說是的，而看到他銳利的眼神後，我連忙清清喉嚨，大喊：「是的！」他還不打算放過我，喊道：「你確定嗎？」我立刻大聲回應：「是的！出局！」

父親微笑著把手搭在我的肩膀上，說道：「假如每次有爭議的判決，你都用這樣的聲音和語氣，就不會再有教練挑起爭端了。我可以保證，他們不會質疑你的判斷。」想當然爾，在那之後我沒有再受過質疑。

我不是想幫助你成為更好的裁判，而是想點出，說話時必須有和訊息相對應的投入程度。每天都有需要真相的時刻，而我們的語言和說話方式，都必須透露出一定程度的權威。當有人問你是否能勝任時，想聽到的不只是平舖直敘的「是的，我可以。」或是大喊：「是的，我可以！」他們希望聽到的是熱情和投入，希望你說得像是你真的這麼覺得。

文字內容或許能打開相信之門，但語調才能幫助我們通過其中。

要記得：讓別人相信你最簡單的方法，就是相信自己所說的。這意味著就算在逆境劣勢中，也有勇氣相信自己。每個人腦中都有個負面的聲音，說著：「停手吧，這不會成功！」如果聽到這些，又該怎麼做呢？

找到自己真正的聲音

你可曾注意到，大部分的人會根據身處的情境，無意識地使用不同的聲音？這個現象從年紀很小就開始，起初只是簡單的音量控制而已。小時候，只要我們聲音太大，大人就會要我們「在室內輕聲細語」。

如果想近距離第一手觀察這樣多元聲音的現象，去搭飛機吧！你會發現自己和空服員愉快地對話，而本來非常正常的空服員在拿起麥克風廣播時，就變得很不一樣。你會聽到怪異、機械般的廣播，而這種「受麥克風影響」的聲音聽起來一點也不真實。

不知為何，許多人在公開發表時，總認為應該使用機械式抑揚頓挫的聲音，並且強調一般對話不會強調的字詞，例如介係詞。只要沒有用麥克風，根本不會有人用這種怪腔怪調說話。難道有人說服空服員，這種不真實的聲音比較有權威性，或是比較容易理解嗎？或許吧，但我可不認為。

對許多人來說，室內的輕聲細語和受麥克風影響的聲音，都只是他們眾多的聲音類型之一而已。還有另一種聲音我稱為「抑揚頓挫演講者」，特別喜歡吸引別人的注意力，特色是不尋常的上揚和降低節奏，聽起來有點愚蠢、過度簡化，而且很不真誠，對演講者來說甚至會有反效果。這樣的聲音會給人紆尊降貴的感覺，讓聽眾覺得講者自命不凡。

你溝通的對象能包容很多種聲音，例如稍微緊張顫抖、要把麥克風調大聲一點，甚至是嚴肅威權的聲音；然而，高高在上的誇張語調可能會使聽者分心，甚至感到冒犯，引發講者和聽者間的對立。那麼，該如何避免麻煩？只要記得下面兩件事就好。

記得

你不需要嘗試新的聲音，因為你早就擁有正確的聲音了！理想的聲音就是「談話的聲音」，亦即你和朋友自然交談時的聲音。很驚訝嗎？這倒不必。正因為你說話的對象是一群人，反而不需要特意放慢，什麼也別改變。聽眾想聽到的是你這個人，是談話時的你，而不是刻意演說的你。更甚者，當聽眾覺得聽見真實的你，就能更快也更緊密地建立起連結，並相信你所說的話。

記得去記得

大部分的講者沒有注意到自己使用了刻意的音調，因為這是無意識的行為。使用自己自然的聲音並不困難，但要維持下去不容易。為了避免不小心轉換成不真誠的聲音，只要在自己的演講稿貼上寫了「談話」的字條就好。每次看稿時，這就足以提醒我們保持真實的對話聲音了。

在錯誤的時機和錯誤的觀眾面前進入不真誠的聲音，可能會讓雙方都不太好過。重點不是試圖變成別人的樣子，而是記得自己真正的樣子，以及自己和熟悉的人相處時的聲音。

保持自己談話時的聲音，一開始或許需要一些提醒，但卻會越來越上手，而且影響力非常深遠。使用自然的聲音時，代表我們表現真誠，而唯有這麼做，聽者才會想要相信。贏得任何聽者信任的最好方法，就是相信自己所說的、展現出我們真的相信，並且用和朋友在一起時的聲音說話。

了解自己的角色

或許這些聽起來有點超出我們的負荷；畢竟，我可是要你們除了文字的內容，還要加上語調，並且用真實的聲音傳達出真實的意思！假如一切不需要經過大腦思考，可以毫不費力地運用自如，那該有多好？這是有可能的，但會需要上一些演戲相關的課程。

雖然我的公開演說經驗超過三十年，但我第一次正式上台是高中第三年的事了。我很幸運，遇到了不起的導演兼老師羅伯．雷默伊。某天，他在走廊上攔住我，要我一定要參加他指導戲劇的試鏡會。劇名是《失魂記》（*Damn Yankees*, 1955），是由喬治．亞伯特和道格拉斯．惠勒普合作的音樂喜劇。我認為這是個好機會，能扮演我最愛的華盛頓眾議員棒球隊的球員。我所不知道的是，這場戲喚醒了我對表演和舞台的熱愛，同時更教導我無價的演出和贏得信任的能力。

經過為期幾天緊鑼密鼓的試鏡之後，我獲選為本尼．逢布蘭，也就是華盛頓眾議員隊的經理。我是個再青澀不過的演員，而分配到壞脾氣老人的角色更是挑戰艱鉅。記憶台詞對我來說沒什麼問題，但我卻無法與角色產生連結。雷默伊老師知道我遇到困難，所以開始用超乎想像的怪異題目考驗我。

「你開哪一種車？」他問。

「哪一種車？」我心想：你在開玩笑嗎？我怎麼可能會知道？

雷默伊老師不放過我，每天都繼續追問：「他吃什麼牌子的早餐麥片？他住怎樣的房子？他喜歡哪個類型的音樂？」

我無法想像這些問題要怎麼提升我的演技，但緊張的笑了幾聲後，我還是編了答案。一切感覺就像在浪費時間，不過如果能讓導演開心，讓他不要再纏著我，我想試試看也無妨。

每次老師在走廊或預演時找上我，都會帶來更多問題。我不確定到底何時開始，但很快地，我就能不假思索地給出答案，一切變得越來越輕而易舉。雷默伊老師漸漸地引導著我，**從扮演分配到的角色，轉變為成為那個角色**。我不再只是背誦出台詞，而是真心相信自己所說出的每個字。我走路的方式、坐下的方式都變得像我的角色，我就是我的角色。假如你看見我在舞台上的樣子，你會相信我。這不是因為我背好的台詞，而是因為我展現出的人格特質。

快轉幾年，我在工作上也第一次踏入我的「角色」。我參加紐約人壽的面試，其中一項是人格測驗。考試前，我這麼問未來的經理：「你希望我用羅伯．喬利斯的身分回答，還是用保險推銷員的身分？」

他笑著說：「絕對不可騙過這個考試，所以不管用哪種方式都沒關係。只要回答問題就好，喬利斯。」所以我回答了。

成績出爐以後，經理把我找到辦公室，我立刻就知道結果不太好。經理用沉重的聲音，告訴我這是他看過最低的分數，所以他無法雇用我。我喃喃地說早知道就用保險推銷員的身分作答。他聽見了，再次重申不可能在考試中造假，得到比較高的分數。我並不同意，但還是拜託他再讓我試一次，並且保證一定會通過。

一個星期以後，我再次接受測試，但這次我已經進入角色：我吃東西和走路的樣子都像保險推銷員，衣著打扮也像。每一題的答案對我來說易如反掌，因為在那個當下，我就是保險銷售員。我不只通過測試，還得到整個華盛頓分部有史以來最高的分數。

我的朋友布萊恩．崔西曾在部落格寫道：「無論你相信什麼，只要投入感情，就會成為你的現實。」當你希望得到信任，你就必須投入情感去相信，而學習自己的角色會很有幫助。

公司會訓練員工精熟產品的相關知識，但那只是將劇本交給他們而已，員工從未有機會受訓成為他們應該扮演的角色。到頭來，他們或許知道自己的台詞，卻不代表會相信這些內容。

看出問題了嗎？明白不夠了解自己角色的後果了嗎？**了解自身角色的價值，就在於你可以更有說服力的傳達你的訊息**。我們已經到一半了，現在來看看想要贏得信任時，該如何學習自己的角色，讓自己更有說服力。

你最喜歡的演員是誰？我一向很喜歡丹尼爾．戴路易斯（Daniel Day-Lewis）。看他的電影時，你會相信他演的任何角色。而他最著名的事蹟之一，就是會極度認真地研究每個要詮釋的角色。

下面是幾個例子：

▼林肯（*Lincoln*, 2012）：戴路易斯堅持包含導演史蒂芬．史匹柏在內的每個人，都稱呼他為「總統先生」。當他努力掌握林肯的聲音時，為了避免受到干擾，甚至會禁止劇組內的英國人用原本的口音和他講

話。

▼紐約黑幫（*Gangs of New York*, 2002）：為了扮演威廉．「屠夫比爾」．卡汀的角色，戴路易斯上課實習做屠夫的學徒。他完全沉浸在角色中，甚至拒絕穿保暖夾克，因為和背景設定的一八六三年不符。他染上肺炎，卻拒絕服用現代的藥物。

▼以父之名（*In the Name of the Father*, 1993）：為了正確呈現遭逢冤獄的蓋瑞．康隆，戴路易斯常會花上好幾個晚上，獨自待在寒冷刺骨的單人牢房中（電影拍攝的地點是愛爾蘭一處廢棄監獄）。為了準備一場刑求的戲，他甚至逼自己連續三天不睡覺。

▼大地英豪（*The Last of the Mohicans*, 1992）：為了飾演內森尼爾．「鷹眼」．波的角色，戴路易斯學習如何打獵為食，並且自學許多野外求生技能。若不是用自己精熟的火槍或戰斧殺死的獵物，他就拒絕食用。

▼無悔今生（*My Left Foot*, 1989）：飾演腦性痲痺的詩人克里斯蒂．布朗時，戴路易斯拍攝全程拒絕離開輪椅，並且要劇組人員幫助他移動。他也堅持每一餐都必須有人用湯匙餵食。

戴路易斯遠遠不僅是記住台詞而已，而是全身心都進入每個角色的人生和行為舉止。他之所以讓人百分之百的信任，不只是因為學會台詞，更因為他真正成為自己所飾演的角色。

那你呢？在見客戶之前，你做了多少功課？我說的可不只是瀏覽對方的網站，而是真的研究你的客戶。客戶個人和公司的核心價值是什麼？你知道客戶的興趣嗎？客戶有參與其他組織團體嗎？客戶想從你身上得到什麼？

很顯然，對於角色的研究越是認真確實，角色的呈現就會越精確；投入研究的時間越長，呈現得就會越真實，也越出於直覺。

一旦對於客戶的公司、人事和經營內容有比較深入的了解，就可以著手設計你的角色。舉例來說：許多年輕銷售員擔心自己的年紀太小，會讓較年長的客戶懷疑自己的能力。因此，他們的角色在無意識中就會變得緊張而防衛心強，在客戶眼中看起來就顯得經驗不足，於是成了自我應驗預言。

假如年輕銷售員用不同的觀點看待自己的年齡呢？假如他們將自己的角色定義為創新、了解尖端科技、擁有廣大的人際網絡和解決問題的能力？假如在他們的內心深處，也真心這麼相信呢？這個年少有為的角色會支持他們的每個行動和說出的每句話，呈現出的就不是經驗不足，而是超齡的智慧。

這就是為什麼我們必須了解自己的角色：將知識和問題轉化為直覺的行為。假如你可以找到自己希望試演的角色，並且真的變成那個角色，你的思考過程和表達方式就不會那麼刻意，而更加真誠自然。更甚者，你的非語言暗示會變得很真實，理由很簡單，而我希望你永遠銘記在心：**身體不知道心裡只是在演戲**。

有些人說，我們天生就有取信於人的能力，而我承認有些人確實贏在起跑點。然而，只要了解「這件事」帶來的優勢，我們都能變得更可信。聯邦快遞廣告中的老闆或許偷了點子，但是他的表達方式讓大家買帳。**假如你相信自己的角色**，**就變成那個角色**。如此一來，所有的想法、語言和手勢都變成直覺反應，而其他人就會相信。我們每個人都能做得到。

五

喚醒內心的雄獅

信心是贏得信任的關鍵，而信心可以分成許多階段，就像一片片完成拼圖那樣。其中一片可能代表學習相信自己，另一片代表學習讓其他人相信我們，不只是文字內容，更要了解音調和非語言暗示的力量。然而，我們也必須正視影響拼圖的重要因子：壓力。眼前有許多的不確定性在等著我們，我們必須有足夠的勇氣才能擁抱改變，追求未知。

若要相信，
我們的內心必須先邁出一大步。

恐懼的濃霧

你多半已經注意到，我是個影癡。六歲時，我會和哥哥理查走路到馬里蘭州的銀泉電影院，這開啟了我對電影的熱愛。我會和自己的兒女分享這項喜好，而我們最喜歡的休閒活動之一，就是一起去看電影。幾乎任何類型的電影我都可以接受，而讓我喜歡一部電影的原因，通常是它所傳達的訊息。

我相信，大部分的編劇和導演都想告訴觀眾什麼，而亞伯特．布魯克的《陰陽界生死戀》（*Defending Your Life*, 1991）正是個好例子，也是我看過最棒的電影之一。它的訊息簡單卻動人，訴說著我們可以如何看待自己在人世間的時光。同時，也告訴我們為什麼毋須害怕風險和未知，而應該歡欣慶祝每次冒險。

這部電影也讓我們一窺布魯克對死亡的看法。我知道這個主題很悲傷沉重，但布魯克是喜劇演員，用溫柔寬容的眼光探索了大部分的人避而不談的話題。電影中描繪的死亡很簡單：過世後，每個人都有幾天的時間在名叫「審判市」的地方分析自己的一生。在法庭上，檢察官和辯護人會一起觀看並討論被告在人生中的幾個場景。兩位法官會研究場景，聽檢察官和辯護人的說法，並判斷被告為何如此行動和反應。法官的判決將決定此人能在宇宙中繼續前進，或是必須回去再活一次，試圖修復錯誤。

我覺得最有意思的地方，是法官評判的終極標準意外地和人們的日常活動、收入財富或各方面的成就，都沒有什麼關聯。我們一生的成敗，取決於這個簡單的問題：

我們是否能克服恐懼，抑或是猶豫躊躇？

花些時間想想這個問題。你有多常單單因為恐懼，就逃避做決定或採取行動？逃避的或許是參加面試、與人談話、建立人際關係、提出新的想法，或是上台發表。恐懼時常表現在天馬行空的藉口、扭曲的邏輯或不斷的拖延上。

另一方面，只要能克服恐懼，脫離舒適圈，勇敢面對挑戰，無論最後結果如何，都能立刻得到很大的成就感和滿足。我們的心智沒有那麼膚淺，會一直帶著這份自豪，因為老天啊，我們努力嘗試了！

不幸的是，我們越常因為恐懼而裹足不前，內心中抗拒嘗試的聲音就越篤定也越強烈。然而，一旦開始和恐懼戰鬥，新的信心就能讓那聲音停止。

電影中有許多美麗的時刻，但有一句話特別吸引了我的注意。在和辯護人（雷普．湯恩 Rip Torn 飾演）的談話中，布魯克質疑恐懼何以成為決定人生的關鍵因素。湯恩看著他說：「恐懼就像無盡的迷霧，盤據在大腦中，擋住所有事物。真正的感受、快樂和喜悅都無法穿過濃霧。然而，只要讓濃霧散去，老弟，你就準備好享受人生了。」

我猜，每個人的腦中都有個聲音，說著：或許今天終於可以穿過濃霧，嘗試某事了。為何不把「或許」拿掉，一股作氣地衝過去？何不全力以赴看看呢？

讓我們冷靜下來的五字箴言

靠演說維生的人通常會收到各種問題，而我最常遇到的都和克服怯場有關。我的答案之一：「只要一件事做了幾千次，就不會再害怕了。」這對演說專家來說或許很有幫助，但大部分的人不會有機會面對同樣的壓力上千次，大概也不會想要這樣！

所以，我能如何幫助沒有機會反覆練習的人呢？我會輕聲說五個字：

觀眾支持你

觀眾指的不一定是整個演講廳看著你的人，或許只是面試官、目標客戶，或是即將會面的朋友。

觀眾支持你。現在，想像這句話是真的，想像接下來這句也是真的：嘿，我剛和你的觀眾談過，他們都說希望你今天的表現很好。先把懷疑放一邊，認真問問自己，假如你確定這是真的，是否能比較不焦慮，更有信心地走進房間，站上舞台，或是進入社交場合？會吧？

很好！現在，我就向你證明。我們太常專注在自己身上，只看見自己的需求，完全忘了讓我們感到壓力的人和他們的需求。十多年來，我問過各種觀眾許多問題，但從來沒人說他們希望我的演講給他們的越少越好。事實上，我聽到的剛好相反。

▼我聽過觀眾告訴我，他們不希望浪費時間。

▼我聽過觀眾告訴我，他們不想要準備不足的講者。

▼我聽過觀眾告訴我，他們不希望漫不在乎的冷漠講者。

換句話說，你的聽眾確實支持你成功。這並不是因為他們非常在乎你，他們其實支持的是他們自己。反對你對他們一點好處也沒有！

關於如何克服焦慮，〈早安美國〉的主播羅賓・羅伯茲這麼說：「關鍵在於專注在你的戰鬥，而非你的恐懼。」我們不可能一生都沒有任何焦慮，但我們可以控制焦慮。

了解如何面對焦慮，以及其他人的面對方式，無疑會帶來很大的助益。提醒自己，你的溝通對象會支持你，如此才能幫助我們專注在真正重要的事上。

我的課程中有許多議題會浮現，但總歸能分為兩大類：我們能控制的和不能控制的。正如看鏡子時，總會有些自己不滿意的部分。舉例來說，職場的年齡歧視被提起的頻率意外的高。除非我們發現青春之泉，否則沒有什麼能做的。因此，與其抱怨，我會用不同的方式來面對，畢竟重要的絕不只有年紀而已。

接受並擁抱自己的缺點

是的，年輕的喜悅是無憂無慮、沒有煩憂，直到我們找到第一份真正的工作為止。接著，關於年齡的難堪問題一一出現：客戶會不會因為我太年輕，不願意回覆我？客戶會不會覺得，以我的年紀不配擔任我的職位？假如我再年長一點……剛開始工作時，這些擔憂都很真實。

接著，年復一年，有一天你醒來時，發現自己不再需要擔心自己的年輕，而是擔心自己年紀太大。對於職涯受阻的人來說，年齡的擔憂可能會演變成偏執。面對重要的會議時，你會發現自己想著：我確定他們一定期望一個比我更年輕的人！諷刺的是，或許你的溝通對象本來根本不在乎你的年齡（或是其他缺點），現在卻在乎了。我稱這樣的不完美為「跛足」。

但這麼想吧：

每個人走路都有點跛。

「跛足」這個詞在字典裡有許多解釋；然而，我想談的是我自己的見解。每個人都有弱點，而弱點就代表我們個人的「跛足」，這也是我們身而為人的一部分。奇怪的是，如果一個人表現得完美無缺，反而會讓我無法信任。或許是因為我相信，每個人真正的卓越不凡之處，乃是展現於其獨特的跛足，以及調適的方式。沒有缺陷的人如果不是裝出來的，就是對有缺陷的人毫無同情心。

我們的缺陷可能是生理或心理的不完美，而不幸的是，我們時常會任其將自己困住。請注意我說的是「我們時常任其將自己困住」。是我們在重要的場合苦惱自身的跛足，是我們說服自己跛足會對其他人造成問題，因此，我們才是讓其他人介意這些缺陷的元凶。但不一定非要如此不可！

我的朋友養了一隻美麗的黑色拉不拉多犬，是我見過最棒的狗兒，名叫傑克。某天，傑克坐在門邊時，突然無法移動後腿，就這麼莫名地癱瘓了。獸醫診斷出背部受傷，盡全力為牠動手術和治療。牠不能再像其他狗兒那樣行動，只能慢慢地起身，先擺動一條腿，再擺動另一條。牠甚至再次學會跑步，雖然不是像其他狗兒那樣，卻也能用自己的方式加速，前腳奔跑時後腳則跟著跳躍。

朋友說，有客人拜訪家裡時，會擔心地問：「你們的狗還好嗎？」

他們會笑著說：「當然囉！」傑克雖然跛腳了，但他一點也不在乎。鄰居的狗兒們不在乎，牠的主人也不在乎。傑克就這樣帶著牠美麗而獨特的跛足，繼續度過十個美好的年頭。

我們每個人走路都有點跛，所以別再擔心談判桌另一側的人如何看待你的缺點了。我可以向你保證：假如你的跛足對你來說不重要，而且你已經學會接受，那麼對其他人的影響就會戲劇性地降低。太年輕、太老、太矮、太高、資格不夠、條件太好、內向、外相、生理或心理的障礙……這些都不重要。

我們溝通的對象也帶著他們自己的缺陷，根本不會在乎我們的。他們在意的，只有我們調適的能力。

成功者必謙卑，而謙卑來自我們的脆弱。

抬頭挺胸，讓缺陷成為自己獨特而自豪的強項吧！一旦擁抱自己的弱點，弱點就不再控制我們，也無法再阻止我們邁向成功。想要喚醒內心的雄獅，重點在於專注，無論在好的日子或不好的日子，都必須帶著這種自律的專注。

別害怕在大雨中奔跑

你曾經在某個陰雨綿綿的冷冽星期天開車時，看見路上模樣悲慘的跑者嗎？我猜你心裡會想：為什麼有這麼想不開的人，要在這種天氣跑步？是的，我就曾經這麼跑過，而背後的原因或許不是你能想像的，其中之一是有趣的自律行為。

更年輕一點時，我喜愛跑步，一開始是十公里的比賽，接著從十公里畢業，開始跑半馬。在我意識到以前，我已轉而參加馬拉松。人們會問我：「馬拉松訓練是什麼樣子？」我總是給出一樣的答案：「你必須願意在雨中跑步。」我會在心中微笑，因為大多數人一定不知道我在說什麼。對我來說，在雨中跑步一向隱含著更深遠的寓意。

為了讓你們有點概念，我要先說明一般的馬拉松訓練是怎麼一回事。二十六點二英里的比賽可不是鬧著玩的，大部分的人不可能毫無準備地跑完；然而，幾乎每個人都可能完賽。到底是怎麼回事？只要投入適當的訓練就好，其中包含營養攝取和目標訂定。但最重要的是，每個星期都要練習跑完設定的距離。

舉例來說，典型的業餘跑者可能每周要練跑三十五英里，會分成五段進行，每段都代表特定距離。然而，無論規劃練跑幾次，或是每次的距離多長，若想要有所表現，每周練跑的總英里數沒有討價還價的空間。而因為工作情況、家庭責任、天氣和個人心情的不同，有幾周會比較容易，有時則比較艱難。但成功的跑者的練跑距離絕不會低於這個數字。

我強調「絕不會」，因為認真的跑者不相信「通常不會」這個說法。當我們說「通常」時，有太多的影響因素。我們腦中的聲音總是能提供各種巧妙的藉口，哄騙我們當天不要去跑步，甚至一整個星期都不需要。我們總是能說服自己，一星期跑不到三十五英里完全情有可原。

必須承認，我也曾在許多個星期天發現里程數沒有達標，而這些日子有時還是雨天。但我仍然出門跑步，因為一切都無法推托給別人，只能怪我自己。我就是你們在雨中所看到想不開的人。

這樣的哲理也運用在我的人生和事業上。當我在一九九三年寫作第一本書時，既沒有經驗豐富的指導者，也沒有任何相關的經驗。但我很清楚：這就像馬拉松一樣，所以要用一樣的方式面對，不是每周計算英里數，而是目標頁數。

同樣的方法也幫助了我的許多合作對象，其中有些人在我的指導下開始寫書。我會鼓勵自己的作家學生，設定目標頁數，絕對不要因為生活忙碌就妥協。即便如此，有些人還是難免經歷不太愉快的「星期天晚上」，而別無選擇地只能在雨中奔跑。我請他們每周回報頁數統計，從回信的時間，可以看出他們為了達到目標而熬夜寫作。當然，許多學生本來就是作家，也有些人的書已經在出版的預定行程之中，而這主要是因為他們不讓任何事妨礙他們的每週目標。你或許會覺得他們只是好運，但在我看來，**是他們的自律，創造了好運**。

當我們聽見腦中的聲音抱怨：這周就是狀況不好，下周一定可以，不妨把任務分割成有點挑戰性，但卻可行的步驟，不要討價還價，也絕不讓步。腦中的聲音不會消失，但只要我們不再側耳聆聽，就會減弱為雜訊。

就算不跑馬拉松也不寫書，我們仍能從這樣的哲理中學習。我們每個人都會設定目標，有些是立即的，有些則比較長遠。

長遠的目標需要的，正是不妥協、不中斷的短期付出。

有時候，我們或許會遇到淒風苦雨般的星期日晚上，但仍必須綁好鞋帶，出門跑步。這就是自律！

你或許已經注意到，贏得信任的方式有時和戲劇演出如出一轍。有位名叫克里夫的劇場導演曾經教導過我的孩子，他告訴我該用怎樣的方式和態度來進行準備，才能帶領我們得到自己所追求的勇氣。這個珍貴的建議也適用於任何高壓的情境。

鎖定

第一次看克里夫工作時，我立刻就產生好感。他不只相信和自己合作的演員，也相信他們探索角色的能力。他的劇碼演出都非常完美，但這樣的成功絕非巧合，而是經過巧妙設計的。

克里夫的執導風格井井有條、按部就班。他會親自設計一整幕，精確仔細地指導演員。演員們都必須背熟台詞，並清楚知道自己必須站在舞台的哪個位置。一旦確認演員們精熟了基本內容之後，他就會放寬一些，讓演員探索自己的角色和表演。

他相信演員有能力了解自己的角色，也允許他們有限度地進行調整，這就是他的出眾之處：

▼他知道演員會做的改變，是基於對角色更深入的了解。
▼他知道演員越是努力讓演出完美，感到無聊的風險反而越高。
▼他知道演員一旦對演出感到無聊，就可能誤以為演出內容空洞。
▼他知道演員或許會對演出感到無聊，但第一次看到的觀眾絕對不會。

因此，克里夫訂下嚴格的規矩：**一直到距離開演兩個星期前，演員都能自由實驗他們的角色。兩個星期的時間點一到，他們就必須「鎖定」，意味著無論發生什麼事，都不能再做任何改變。**這是為什麼他能成為傑出的導演，也是他的劇目成功的祕密之一。

面對高壓情境時，反覆練習可能成為你最好的朋友，但也可能誤導我們。就像最討人厭的朋友那樣，不斷向無辜的當事人提出毫無道理的意見：**假如你那邊增加一點，這裡再改變一下，就會更完美了！這其中潛藏了可怕的錯誤，足以毀了準備演出的演員和講者、準備新書提案的作家、準備履歷的求職者，以及任何努力尋求他人信任的人。**

雖然你可能已經感到陳舊乏味，其他人卻不這麼認為。

我們可能會浪費大把時間，不斷嘗試新的事物。然而，真正需要的是不斷練習同樣的動作，直到你的身體記住為止。如此一來，心智才能得到釋放，能自由地面對當下。這樣的自由對必須在壓力中表現、贏得信任的人來說，不就是最珍貴的恩賜了嗎？

這樣的法則沒有例外，無論改變顯得多麼光鮮亮麗，都不應該影響我們。**這是因為無論改變多吸引人，都不值得用精熟所帶來的信心交換**。當我們鎖定了準備的內容，就能給自己更多機會精煉用字遣詞和時間掌握，更重要的是，提升自信心。我們或許仍會繼續想像著重要的時刻，但至少不會再幻想東加一點，西減一點，而讓自己感到混亂困惑。

我們可以花時間實驗，但該鎖定的時候，就必須下定決心。下次面對重大的表現機會時，別忘了拚命準備，給自己最大的成功機會，然後在登場前一個星期鎖定完成。結果會令你驚喜的。

你想嘗試什麼？

讓我們喚醒內心的雄獅，追求理想的勇氣，而這和我們項上的腦袋關係很大。我們的大腦很神奇，而且會欺騙我們。假如不仔細體察，就會使我們誤信各種天馬行空的事。身體受傷時，大腦可以騙我們一切沒事；黑暗中聽見怪聲時，大腦可以想像出不存在的麻煩；當心情跌落谷底時，大腦甚至能說服我們，深谷才是自己的歸屬之處。

當然，人生也有平順的時候，每件事似乎都往好的方向發展，而我們無憂無慮地航行。大腦也隨著我們優遊，甚至還出了幾分力，帶給我們希望和樂觀，說服我們接下來發生的事，一定也會依循先前的成功模式。

然而，沒有人的一生可以毫無挫折打擊，有時甚至讓我們痛苦擔憂。大腦會伸出隱形的手，將希望和樂觀用懷疑與悲觀取代。最糟的是，大腦會說服我們，不要再相信自己了。

誰說大腦永遠是對的？難道我們只能束手無策地等待，直到再出現連續的成功，才能說服大腦讓我們相信自己？

當我們相信自己時，在其他人心中的可信度就會大幅提高。

誰說我們不能誘騙大腦去相信呢？

只要觀察方法演技（Method Acting）的演員如何表演，就會知道我的意思了。方法演技是訓練和排演的技巧，能幫助演員在情緒上完全進入角色。舉例來說，當演員在舞台上哭泣，並真的流下眼淚時，代表他們讓大腦回到過去的痛苦經驗，並汲取當時的真實情感。

和方法演技的演員一樣，當我們難以相信自己時，也可以讓大腦重回過去真正相信自己的時刻。無論是在面試時，或是任何需要贏得信任的重要時刻，都可以試著汲取過去成就帶來的正向情緒，提升我們的成功機率。

美國的牧師羅伯特．舒勒曾說過一句話，我放它放在自己的辦公室桌上，在需要時不斷帶給我啟發。我的兒子是專業喜劇演員，也將這句話刻在長年戴著的項鍊上。我希望你也將這句話留在身邊：**如果你知道自己不會失敗，你會嘗試什麼？**

不要再執迷於該如何用字遣詞，才能贏得別人的信任。假如讓大腦回到過去，回到肯定自己不會失敗的情境中，文字就會自然浮現，而且不只如此。你的大腦會很樂意地轉換成更可信的音色、語速、停頓和語調，並且搭配適合的臉部表情和非語言暗示。如此一來，我們心中點燃的熱情將溢於言表，讓其他人都看見。

我們無法擺脫所有的恐懼，恐懼註定會影響我們，但我們可以讓危害降到最低。恐懼不能主宰我們的生命，恐懼不過是我們的想像力加油添醋後的未知事物而已。而知識是恐懼的天敵，當我們喚醒內心的雄獅，就能挺身對抗恐懼。如此一來，勝利便屬於我們。

六

正向

現在，讓我們將焦點由如何贏得信任，轉移到如何維繫信任吧！我想，如果你聽到的答案是：保持正向的態度、表現出正向的特質，應該不會太意外吧？然而，有個小問題：正向思考對某些人來說或許自然而然，但對其他人來說，可就充滿挑戰性了。

你認為呢？正向思考是天生的行為，或是可以透過學習改善呢？這個問題很有意思，絕不只是有些人天生就比其他人更正向那麼簡單。很多人似乎相信，如果有更多值得開心的事，他們就能更正向：「正向或不夠正向，實在不是我們能改變的。」我不同意，我相信正向其實有基本的公式，而且每個人都能學習。

我知道保持正向對許多人來說很困難，但想像一下，如果真的能學會一些基本的原則，讓生命更正向呢？我相信每個人都能更快樂、更樂觀，但必須是發自內心，沒有失敗的藉口和理由，真正地渴望！

為了達到正向，我們必須暫時移除一些重大的阻礙，我們就從健康開始。健康並非完全在我們的掌握之中，所以可以從核心原則剔除。雖然我們吃的東西、照顧自己和面對壓力的方式，顯然都是影響因子，但厄運也扮演了重要的角色。

接著，我們來談談財富。我不相信財富和正向的態度有關，而這麼想的不只我一個。其實只要看看眾多樂透贏家的命運就夠了：大部分結局都不太好。更甚者，我們很容易覺得自己被金錢所奴役，特別是在財富提升時，生活的花費也必定隨之增加。你是否常聽見：「我們一開始沒什麼錢，卻比現在快樂許多。」沒有錢，我們當然活不下去，但金錢也會帶來麻煩並不是什麼祕密。而長遠看來，金錢對我們保持正向的能力並沒有顯著的影響。

第三個因素是基因。在研究相關主題時，我發現對於基因與追求正向的關聯，醫學界其實有許多爭議。爭議的重點不在於基因是否參與其中，而是有多少比例的人受到基因所限制，而沒有能力變得正向。推論的數字可能不同，但很顯然，保持正向對某些人的難度特別高。因此，在某些例子裡，這是基因注定。正如健康問題，我們不能改變自己DNA中的基因編碼。

剩下最後一個元素了：單純的運氣。

相信運氣

曾經有位主管告訴我：「喬利斯，只有失敗者才會談運氣。」我那時誤信了這句話，但現在不了。運氣在我們的生命中扮演很重要的角色，而有了適當的了解，不只能幫助我們保持正向，更能提升我們成功的機率。一顆從我頭頂一百英尺飛過的界外球，一再提醒了我這一點。

幾年前，我看了一場華盛頓國民隊的比賽，而閃電在第二局時降臨。不是真的閃電，而我最愛的球隊也沒有成功完成三殺（triple play）的演出。閃電是一顆高速的界外球，飛過我的頭頂，打中球場的外牆，反彈飛過五十排椅子，最後像塗了膠水那樣緊緊黏在我的右手，而我是個左撇子！

現場有兩萬七千七百六十一個球迷，只有我能在遺願清單的「接到一顆界外球」旁打勾。很幸運，對吧？乍看之下是如此，但仔細想想，或許不只是你所認為的好運而已。

▼巧合的是，小學四年級時，我會對著父母臥室的磚牆玩拋接球的遊戲。沒有人陪我玩，所以我將球丟向牆壁，可以玩上幾個小時。這樣的遊戲我幾乎每天都玩，持續了六年。至今，我有時仍會拿網球對著自家的磚牆玩。我猜，你可以說我是對牆接球的專家。

▼巧合的是，像所有的左撇子一樣，我用右手接球。我想你可以說我運

氣不錯，那球是飛向我的右側。

▼巧合的是，三年前我也有一次接界外球的機會，不過結果不太好。我起身接球時有點分心，犯了小小的技術性錯誤：忘了把手裡的啤酒鋁罐放下來！我直覺地舉起罐子，向棒球手套那樣，再無助地看著球打中罐子，向後飛了二十排。（至少罐子沒被打掉！）

然而，我從未忘記當時多麼準備不足，也發誓如果再有機會，我一定會確定自己準備好了。我想，你可以說我是從錯誤中學習。

看出規律了嗎？乍看之下的巧合情況，其實並不全然只是機運。我們每天面對的許多障礙或許看似在掌控之外，卻有些步驟能幫助我們提高成功的機率。

練習

練習得越多，表現得就越好，面對壓力時也越正向，這不是什麼祕密。當其他人看著球飛過頭頂而放棄時，我卻轉身，等待球在牆上反彈，這並不是巧合。經過幾年的練習，這已經是直覺反應。

準備

我當天雖然沒有戴手套，但卻帶了用右手接球的直覺。我最愛的磚牆接球和幾年的少棒經驗，都讓我準備好面對那一球。

專注

假如我說毫無準備地用啤酒罐接球一點也不令我懊惱，那就是在說謊。而我雖然在看球時可以當個開心果，卻也專心注意發生的事，這也不是巧合。

那麼，只要練習、準備、專注，就能保證我們無論做什麼都會成功嗎？當然不是。但可以肯定的是，這些行為一定會提高成功的機率，並且讓我們更正向地面對我們無法掌握的情況。在我的例子裡，我不認為機率只有兩萬七千七百六十分之一那麼低，因為我已經盡力排除許多變因了。沒有人知道機會何時來敲門，而假如是難能可貴的機會，你已經準備好好把握了嗎？

願意相信運氣，不代表以後就能接住每一顆飛來的界外球。我們仍必須伸出手，並且勇敢地面對失敗的風險。我們必須渴望事情朝自己想要的方向發展，並且在心理層面投入。這意味著，假如我們感到正向的事沒有成功，必須要正眼看著鏡中的自己（或對著朋友們）說：「我希望會成功，但卻沒有。」

允許自己懷抱希望

我們都低估了希望的力量。希望會幫助我們度過艱難的時刻。雖然我們有時會放棄希望，但希望永遠不會拋下我們。希望不會記恨，而且往往只在一念之間，就能成為最有力的盟友。希望聽起來就是個完美的同伴，但若真是如此，為什麼我們總是這麼快就放棄希望？當我聽見「我不想期望太高」時，總是忍不住皺眉。到底為什麼要害怕懷抱太大的希望？

正向的人不會害怕懷抱希望。

你上一次因為懷抱希望而不再努力是什麼時候？我從來沒聽說過任何人之所以失敗，是因為抱了太多希望。事實上，情況通常剛好相反：當我們懷抱真正的希望，成功的機率不會降低，不可能會。希望會產生能量，會帶來解決問題的方式，會提升信心。希望能激勵我們做出偉大的事。那麼，為什麼在最需要的時候，願意擁抱希望的人卻寥寥無幾呢？我們到底在怕什麼？

事實上，希望的確有個風險，就是失望。當我們懷抱希望卻失敗時，失望必定隨之而來。這時，我們通常會發洩在希望上，將自己的失敗歸因於期望太高。我們不責怪自己，反而責怪希望這個概念，說著：「要是我不抱希望就好了！」

你知道比失望更難受的是什麼嗎？是因為害怕懷抱希望，而產生的悔恨。因為害怕而不去嘗試，反而會帶來更多恐懼。我們不能這樣。

為了預防失望而避免懷抱希望，聽起來一點道理都沒有，所以早點把這種想法丟棄。下次追求無法百分之百掌握的目標時，給自己雙份的希望吧！

假如沒有成功，也別把失望怪罪於懷抱太多希望。

優雅地接受
因為懷抱希望而帶來的失望。

拍拍身上的灰塵，試著從經驗中學習，準備好再次懷抱希望！事實上，為何不和其他人談談讓我們如此期望的挑戰呢？

讓其他人知道你的目標

當我們面對需要勇氣的挑戰時，卻往往戒備著不願意讓其他人知道，這不是很奇妙嗎？害怕失敗對我們來說是一個強大的敵人，但讓其他人知道我們的挑戰和失敗，卻需要更大的勇氣。而最終的收穫，會讓所有的風險都變得更值得。

一般來說，當我們面對需要勇氣的事時，直覺就是做好準備，但不告訴任何人。畢竟，對未知的恐懼是勇氣的一部分。我們知道的越少，我們就越安靜；不能控制的因素越多，我們就越保密到家；面對挑戰時感覺越脆弱，就越不想和別人談談。勇敢的挑戰不一定會成功，但一旦成功，我們就迫不及待地告訴別人。

那麼，假如我們不再隱藏勇敢的挑戰，而把自己的意圖昭告天下呢？

這可不是靈機一動而已，而是我會教導其他人使用的實用技巧。一開始，我和指導的作家學生一起嘗試。為了避免朋友善意關心進度的尷尬對話，作家的直覺通常是不告訴任何人寫書的目標。不告訴任何人目標，就能避免在缺乏進度時受到質疑。

這是另一個直覺與邏輯相對的例子。告訴別人自己在寫書時，或許會覺得很不自在，特別是對於沒有相關經驗的人來說。而其他人會詢問書的事，也是很自然的。然而，當作家著手寫書時，最珍貴的禮物就是別人的詢問。這些問題會幫助他們為更重要的場合準備和練習，才能提出更巧妙簡練的答案。但不只如此，作家針對某個觀點發想時，相關的談話越多，就能帶來越多點子。不然，你覺得我這麼多寫作點子是從何而來？

同樣的道理也能用在各種挑戰。當你告訴別人自己準備轉換跑道，雖然覺得很不自在，但其他人一定會關切你。揭露自己的狀況並尋求幫助需要勇氣，或許直覺告訴你什麼都不要說，但這並不符合邏輯。為什麼找工作要保密呢？只要讓別人知道，你的人際網絡就得以拓展。阿德勒組織（Adler Group）最新的調查顯示，因為社群網絡而得到雇用的比例高達百分之八十五！

看出來了嗎？如果告訴別人需要勇氣才能達成的目標，就得面對無法達成目標的恐懼。就我個人來說，我很尊敬嘗試但失敗的人！而說出來的優點呢？當其他人知道我們的目標以後：

▼我們通常會更加努力達成。
▼我們通常會拓展自己的想法網絡。
▼我們通常會對這個目標持續投入。

我想，這些優點是遠勝於缺點的。這就是為什麼我鼓勵大家，將自己的勇敢挑戰昭告於天下。無論是寫一本書、轉換跑道、參加馬拉松、爬山，或是展開追求信任的旅途，都需要很大的勇氣，所以讓大家聽見你吧！

表現正向

你曾經多少次接起電話，或是和別人聊天時，聽見：「你好嗎？」或許每天都會有人這麼問，甚至不只一次。對於這個普通的問題，我聽過各式各樣的答案：

「勉強撐著。」這是想要讓你知道自己狀況不好的人。

「還好。」這是希望你別問這個問題的人。

「老樣子。」或「沒什麼好抱怨的。」這是根本懶得回答問題的人。

有人這麼問我時，我的回答方式不太尋常，總是會讓對方嚇一跳，然後會心一笑。超過四十年來，我的答案都一樣：「我很快樂。」在我回答的當下，一定是快樂的嗎？這倒是未必，但我承認，這麼說的理由之一，是要提醒自己保持正向！

這麼回答以後，我時常會聽到接下來的問題：「是嗎？有什麼讓你快樂的事嗎？」我總是訓練自己不要準備好既定的答案，而是逼自己當場想出讓自己快樂的事。這個練習讓我找到生命中美好的事物，並且保持正向的心態。

表現得正向，就能變得正向嗎？

當然！

在一些實驗中，受試者被要求要微笑。當他們依照指示嘴角上揚時，感應器立刻顯示，只要露出快樂的表情，他們的感受就變得比較正向。

這代表每個人都要改變「你好嗎？」的答案嗎？不盡然，但這樣的活動會觸發我們的情感。我們只是需要提醒自己生命中的幸福，並且保持正向就好。很困難嗎？或許吧，特別是面對正向的死對頭：擔心。

禁止使用「擔心（worry）」這個詞

我向來不喜歡「擔心」這個詞（也不喜歡「緊張」）。當然，我和大家一樣，也會有憂慮的時刻，但我就是不喜歡這個詞。聽到這個詞，我會想到一個人坐在角落，咬著指甲，希望為無法掌握的事找到解決方法。

身為運動員，我一點也不希望在擔心憂慮的狀態下上場比賽。身為教練，我不希望指導擔心的隊伍。身為銷售員，我不希望在充滿擔憂時和客戶會面。身為演講者，我絕不在擔心時上台。

甚至連《韋氏辭典》似乎也不喜歡這個詞，定義為「粗魯且帶有侵略性的攻擊或對待；折磨」和「感受或經歷憂慮或焦慮；恐慌」。如此看來，擔心怎麼可能對成功有絲毫的助益？

幾年前，我將這個詞從自己的字典中刪除。假如可以在電腦的文書軟體中建立垃圾字彙表，這個詞絕對排在第一個。你不會聽見我用這個詞。當然，我必須找個詞來代替，而我選擇的是「焦慮（anxious）」。《韋氏辭典》對這個詞的感覺好多了：「強烈或懇切地盼望」。

或許你覺得，這只是文字遊戲而已，但其實有更深遠的意涵。我從來沒看過有任何人因為擔心，而變得更可信。我的孩子告訴我他們擔心什麼時，我會說：「假如我認為擔心能提高成功的機率，就算只有百分之一，我就會努力變成全世界最偉大、最有競爭力的擔心者！」

至於感受到焦慮，這我可以理解。我們可以將焦慮轉化為能量，並且專注追求成功。有時候，僅僅是一個字的改變，卻足以影響我們的整個觀點，很神奇吧？不用把擔憂的想法推到一邊，我們可以擁抱「克服前方障礙」的渴望，並且懷抱希望，專心致志。

我喜歡作家丹恩．薩德拉（Dan Zadra）的一句話：「**擔心是想像力的誤用**。」我把這句話放在咖啡機旁，用來開啟新的一天。你也會不時誤用自己的想像力嗎？禁止使用「擔心」這個詞，以更有生產力的心智活動來取代吧！

建立正確的觀念

在各種運動中都常看到這樣的狀況：某一隊表現很好，一帆風順，似乎所有的計劃策略都能奏效。接著，在一眨眼間，風向改變了。本來毫不費力的事變得滯礙難行，隊伍越是努力回復，看起來卻越生硬不自然。恐慌於是趁虛而入，在意識到之前，情勢已經覆水難收。

我指導過很多場籃球比賽，時常看到這樣的場面。這不是肇因於運氣不好，或是決策錯誤。運動競賽的勝敗關鍵通常是氣勢和動力，而緊追不捨的隊伍常會進一步地運用他們對勝利的渴切：球員的腎上腺素分泌激增，並進入更亢奮的狀態。觀眾會突然驚覺，領先的隊伍陷入恐慌，不只失去集中力，也失去勝利。

當我發現自己的隊伍領先差距縮小時，就會喊出暫停。超過三十年來，我都用同樣的方法開始激勵隊伍。當眼中帶著恐懼的球員集合時，我會看著記分板，面露笑容，指出我們還領先多少分。或許從十五分的領先縮小為五分，無論數字為何，我都會從領先切入。舉例來說，假如隊伍只領先兩分，我會說：

我寧願領先兩分，也不要落後兩分。

雖然沒有火箭科學那麼深奧，但我親眼看見這句話對球員的心理有多大的影響力。只要有了正確的觀點，就能幫助隊伍重新組織、集中精神。這個方法不只對快被追平的隊伍有效，同樣也能幫助落後的一方：畢竟，寧願只落後六分，也不要落後了十二分。

生命可能會給我們挑戰，而其中也同樣有氣勢和風向的變化。或許下面的情境會讓你有點共鳴：

▼你的公司遇到一些挫敗，而潛在客戶名單只剩下幾個名字。

▼你的現金流縮減到只剩下過去價值的一半。

在這樣的情境中，如果能把眼光放得更長遠，應該會有幫助吧？

▼我寧願還有一些潛在客戶可以聯絡，也不要一個都不剩。

▼我寧願還有一半的現金流，也不要只剩四分之一。

眼光放長遠一點雖然不能減輕劣勢的痛苦，但卻可以幫助我們保持正確的觀點。風向是我們變幻莫測的朋友，沒有人能永遠置身事外。成功的人會在劣勢挑戰中，看到光明的一面。再次提醒，如果訓練我們的大腦用「我寧願……也不要……」的句型來思考，就能教導自己如何保持正向。

相信自己，別詛咒！

關於正向，我認為最不符合邏輯的部分，就是它對人們有著近乎迷信的影響。光是提到正向兩個字，就足以讓某些人瑟縮。但我也是個迷信的人，我在特定的日子會避開特定的食物，不會把鬧鐘按掉，還有幸運領帶、袖扣和一個小小的銀製閃電，只要上台演說就一定會戴上。我試著為這些小迷信找符合邏輯的理由，但事實是，我只是為了不想在無意中「詛咒」了自己。相信我，我非常了解這類的「詛咒」。

然而，有一種詛咒我不相信，就是人們害怕相信自己的奇異迷信。我們認為，假如公開表現出對自己的正向想法，就會不知怎的詛咒了自己。不相信我說的？你應該對下面這樣的對話很熟悉吧？

某甲：「你認為你會達成目標嗎？」

某乙：「我不知道。我已經非常努力了，但我不想說『會』，怕破壞了一切。」

到底從什麼時候開始，相信自己反倒成了詛咒？為什麼沒有勇氣將這些正向的想法大聲說出來？難道會有詛咒的精靈從天而降，用厄運的金粉懲罰我們？我不這麼認為。事實上，我相信正好相反。

聽聽看有信心的人是用怎樣的語調和文字，說著無法百分之百掌握的事。你會忍不住相信他們，而且發現他們也真的相信自己。假如你已經盡了所有努力，完成必須的任務，為什麼不讓其他人聽聽你正面地談論自己？

我們到底在害怕什麼？或許，我們不希望給別人傲慢自大的感覺。真的嗎？我不認為告訴別人相信自己的努力會帶來好結果，會讓他們覺得是在自誇，或是傲慢自大。

自信不是自負

或許是因為我們害怕失敗。畢竟，如果不告訴其他人我們期望成功，而是將願望保密，那麼即便失敗了，傷害打擊也不會那麼慘痛。和謙遜保守、不夠肯定，害怕破壞成功的人相比，我更敬佩將一切目標公諸於世的人。

一切都可以歸結為直覺與邏輯之爭。許多教練（特別是新手教練）會直覺地避免為隊伍設定太高的目標，因為不想給隊員不必要的壓力，也不想看到目標沒有達成的失望表情。經驗更豐富、能力更強的教練則會直截了當地公布目標，並確認隊員也相信著這個目標。

認為談論目標會毀了先前的努力，這種迷信完全不符合邏輯。事實上，情況正好相反：目標會激勵人們更加努力，並懷抱更強烈的熱情。告訴別人自己的目標，即是建立起對自己的支持和信任系統，並驅策自己更加努力。

有勇氣正向地談論無法完全掌握的事，並不會造成什麼神祕的詛咒！對於夢想和希望不要再避而不談，大聲高喊吧！只要付出努力，無論結果如何，無論是勝利、失敗或平手，我們都可以對自己的付出感到自豪！

珍視自己擁有的

我們都曾花一些時間看看自己所擁有的，以及自己的成就，而這樣的時刻彌足珍貴。我想分享一段道路之旅中發生的小意外，之所以對我相當重要，是因為它教了我關鍵的一課，而我希望你也能了解。

故事中關於悲傷的部分大概是：羅伯參加完紐約的研討會，和家人會面，一起搭乘長島鐵路到長島，準備和好友葛蕾西家庭共度幾天。羅伯幫家人搬行李下車時，發現自己的筆電包遺失了，而內容物包含鑰匙、書籍、墨鏡、信用卡、筆記型電腦，其中儲存了五年份工作量的資料都沒有備分。在超過三十年的頻繁旅行中，羅伯從沒丟過任何行李，更別提隨身包了。羅伯大受打擊，但這不是故事的重點。

故事中開心的部分則是：離開火車三十分鐘以後，羅伯在朋友的安撫下等著報警，而他的電話這時響了。原來，有人看見無人看顧的筆電包，於是決定要「保護」它，拿下火車並帶回家。二十分鐘後，羅伯和他的筆電包順利重逢。羅伯心情大好，但這也不是故事的重點。

羅伯不只是開心而已，他歡欣鼓舞。事實上，羅伯已經好一陣子沒有這麼快樂了。難道成功完成研討會不足以讓他開心嗎？畢竟，羅伯這個月的顧問成績可是這一年半來最好的，卻還沒有好好的慶祝一場。

難道和妻子與女兒團聚，一起旅行度假，也不足以讓他開心嗎？放幾天假，和深愛的人共度，通常令人開心微笑，對羅伯也是如此。然而，羅伯卻覺得所有的親情互動都只是虛應故事而已。

難道拜訪兩位密友的海邊小屋還不夠嗎？羅伯夫妻和葛蕾西家在過去三十多年來，每年都會見面幾次，每次都相當愉快。然而，羅伯的注意力卻在漫長的車程。搭火車要四十五分鐘。

羅伯的生命中有這麼多美好和祝福，但竟是筆電包的失而復得，才真正讓他感到快樂。**看見災難，並且避免災難，才能真正讓我們快樂**，這才是故事的重點。

為什麼我們對值得慶賀的事，卻覺得理所當然，常要等到失而復得以後，才真正感到快樂？為什麼常常要等到健康出了狀況以後，我們才會珍視自己的健康？為什麼直到看見自己的名字沒有出現在裁員名單以後，我們才感謝命運之神讓我們保有工作？

「和筆電包重逢之後，我欣喜若狂，並且一直維持這樣的狀態！我快樂地上床睡覺，快樂地起床，整天都很快樂，快樂地吃晚餐，快樂地上床，然後再次快樂地起床，陶醉在我的幸福中。」為什麼唯有面對失去的可能，我們才看見自己所擁有的一切？為什麼不能活的更正向，保持樂觀的態度？

談到如何成為正向的人，不要以為這是天生的，正向可以透過學習得來。只要依循下面的公式，讓生命發生正向的改變就好：相信運氣；練習、準備、專注；允許自己懷抱希望；表現出正向；不再使用「擔心」這個詞；保持正確的觀點；相信自己而非迷信詛咒；珍惜自己所擁有的。

七

成功與政治

辦公室政治（office politics）這個話題似乎每個人都知道，卻都避而不談。我們都知道它的存在，卻選擇不在學校討論，甚至不在家中的孩子面前提起。然而，忽視並不會讓它消失，政治不敏感更可能會讓個人職涯發展受阻，甚至影響到自尊心。為什麼不能寫下工作場合所有的政治陷阱，以及解決的方式，並且讓員工都研究這份守則？這麼做利大於弊，不是嗎？

事實是，許多本性良善的人會認為，他們可以安然通過政治地雷區。在真實世界中，善良的人在與其他人共事時，卻常飽受政治上的挫敗。贏得信任固然是了不起的成就，但在人際政治的泥淖中維繫這份信任，卻是真正艱鉅的挑戰。

或許你以為，人際間的政治溝通對我來說很容易，我得澄清絕非如此。曾經，每次牽涉到人際政治的對話中，通常是別人試圖幫助我時，我都會說同樣一句話，不斷地重複著。我花了十年才不再那麼說，但我還記得很清楚：「有一天人們會在我的墳墓上刻下，**這傢伙從不向辦公室政治妥協，永遠忠於自己的信念。**」

聽起來很棒吧？如此高貴真誠，而且完全搞錯重點了。當你聽見這樣的宣言，其實對方真正表達的是：「無論結果如何，我都不想成為政治角力的一部分。」乍聽之下挺有手段，但真的明智嗎？

來看看「辦公室政治」的定義，或許能替我們解惑，但要找到定義比我想像中還困難。《韋氏字典》對「政治操作」的定義包含「因為政治理由而發言或採取行動，而不是為了人民的最佳利益，或做正確的事」，以及「手段巧妙且通常不誠實的政治活動」。

好吧，至少我們知道為什麼大部分的人對這個議題都如此抗拒了！一直以來，我們受到的教育就是：所有的辦公室政治都很有害，而且有心術不正的人搧風點火。更甚者，似乎所有膽識足夠，能看清並參與辦公室政治的人，都或多或少出賣了自己的靈魂。但並非所有人都這麼認為，我很喜歡知識網站的定義：「辦公室政治只不過是在辦公室這個環境中，所展現出的人際關係而已。」

人們常會模糊「政治」和「原則」的界線。我想的確很容易搞混，特別是對於厭惡辦公室政治的人來說。《韋氏字典》將「原則」定義為：「道德守則或信念，可以幫助我們分辨對錯，因此影響我們的行動。」

應該能認同，「在辦公室環境中展現的人際關係」，並不一定要包含「與自己的行為準則衝突」吧？與其保持低調，祈禱辦公室政治不要找上我們，我認為比較有智慧的作法，是為了無法避免的事做好準備。這不代表出賣自己的靈魂、談論八卦或操弄別人，而是做好萬全的準備，確保自己不會站在人際關係中錯誤的一邊。

一般來說，由員工升上管理階級和人際技巧沒有太大的關係，重要的反而是專業上的能力。但幸運的是，雖然沒有管理的經驗和能力，至少新任的主管會接受一些訓練。喔不，我說錯了：大部分的主管或掌權者，在管理技巧及人際合作方面，連最基本的訓練也完全沒有受過。假如難搞的上司才是常態，那我們就得想想該如何面對接下來的情境了。

跳出來處理難搞的上司

良好的上司要能清楚溝通、公平管理；而且必須了解，下屬越是成功，上司也就越能成功。聽起來過度簡化了，但這個簡單的管理概念，卻往往是判別優秀管理者的測試。有些上司明白，有些則否。若要學會如何面對棘手的上司，就必須先知道如何面對不明白這道理的人。

聽到有人說：「我不知道自己做錯什麼，我的上司就是不喜歡我。」受傷的語氣總是令人難過，就像目睹某人聽見聖誕老人其實不存在時，所流露的痛苦。領悟到自己的上司不夠好可能令人失望。那麼，該如何面對這樣的上司呢？讓我們分析上述的測試，逐一檢視管理的原則吧！

▼「有效的管理者可以清楚溝通……」假如你的上司做不到，你就必須替他完成。當你不夠了解任務時，就要提出問題。用電子郵件或文件來確認並記錄上司的要求，盡可能確保你和上司的溝通夠清楚明白。

▼「並且公平管理……」管理者不公正的缺點之一，就是會對團隊的士氣造成漣漪效應，可能會引起對上司或對彼此的歧異和憎惡。很容易就陷入全面失控的衝突中，但結果可能會對個人造成嚴重的問題。即便上司沒辦法公正地管理團隊，也不代表我們就不能公正地對待同僚。走正確的路，並且避開爭端吧。

▼「必須了解到下屬越成功，上司就越能成功。」這很重要。假如上司

明白這一點，就會努力幫助我們成功，而我們也會盡力幫助上司成功。然而，當上司不了解這一點時，就會認為你的成功會危害他們。你的上司並不是不喜歡你，而是擔心你的光環會超越他們，甚至奪取他們的位子。若要有效破解這一點，就必須明確宣告你的成功完全是他們的支持所致。假如你清楚表達，你的個人目標並不會和上司的個人目標衝突，你在他們眼中就可親可愛多了。

這裡的重點是：有好的上司通常是例外，不是通則，而好的上司不太需要花心思應付。如果發現自己的上司真正關心自己的健康福祉，請當作是中了頭獎，畢竟上司其實沒有這種道德上的義務。相反的，假如發現上司將你的成功視為威脅，不懂真正的管理之道，就必須由你自己像個好上司那樣思考。

管理者們通常不會一覺醒來，想著：我今天想當個糟糕的上司，他們只是不懂該如何當好的上司而已。但我們知道，所以就依循這樣的原則來面對他們吧。這麼做不只是自助，更是在幫忙你的上司！

現在，雖然已經知道該如何面對棘手的上司，但小心不要過度倉促地下判斷。有時候，管理者或許只是緊張，當天過得不太順利，或是在公司外遇到痛苦的事而已，我們也都曾有過這類的經驗。小心不要誤判了工作的夥伴，因為第一印象有時其實錯得離譜。別假定自己知道其他人的想法，也別擅自揣測別人的意圖。

小心誤判

你知道什麼最令我生氣嗎？拒絕眼神接觸的人。我們都知道是什麼意思：這些人沒有時間留給我們。事實上，有些人似乎竭盡全力避免眼神的接觸，而我們很清楚這代表：他們一點也不在乎我們。對了，還有些人連微笑都不肯，意思是：他們甚至根本不喜歡我們。

我們時常遇見這樣的人，並且和他們相處互動。求學時期，我們會固定看見這樣的人；在辦公室、健康俱樂部、商店、鄰居，以及差不多任何地方，都會遇見。他們連簡單的眼神接觸和微笑都沒辦法做到，這令我們不解，而在意識到之前，我們就開始誤用自己的想像力。

▼他真的忙到點頭打招呼都沒空？混帳！

▼他竟然在我經過時低下頭不看我？真有種！

▼他自以為比我優秀，連對我笑一下都不屑？爛人！

起初，我們或許不會太放在心上。我的意思是，他們可能只是很忙、沒注意到，或是在想心事。但假如一陣子後，我們注意到對方是習慣性地閃躲，那就真的令人憤怒了。我們開始報復，用迴避眼神交流來反擊。看見他們走來，我們的心情就會轉變。就像準備就緒的投手，我們用最棒的鄙視眼神掃像他們，彷彿在說：怎樣？感覺好嗎？

聽起來似曾相識？被忽略或鄙視的感覺很糟，我們不禁會猜想：這種不符合社交禮節的對待，是因為我不夠重要、不夠有吸引力、不夠酷，或是不夠有趣嗎？我的意思是，老天啊，只是注意到、打個招呼，有這麼困難嗎？這些人真的是！

但，假如我們完全搞錯了呢？

假如他們缺乏眼神接觸，不是因為認為我們不值得、沒吸引力，或沒有社經地位呢？假如其實和我們一點關係也沒有呢？假如我們完全誤判了這些人？假如這些犯下社交錯誤的人只是……害羞？

曾經有位客戶告訴我，超過十年來，他每次都看著同一個傢伙在他靠近時低頭看地板，並皺起眉頭。幾年之後，他脆弱的自尊心再也承受不了，於是用同樣的方式反擊。他漸漸習慣了這種互相忽視、臭臉相向的小心結，直到有天那傢伙走向他，看著地板，稱讚他在專案中的表現。事實上，他甚至一邊皺眉頭，一邊和我的客戶握手！我的客戶說，當兩人握手時，他注意到另一件事：他以為討厭他的那傢伙，竟努力擠出笑容。他發現自己立刻對那傢伙有了好感，從此便成了很好的朋友。

有時候，看似沒禮貌地迴避視線，其實只是缺乏安全感而已。並非每個人都是社交高手，所以下次對別人微笑，對方卻移開視線時，試著別覺得冒犯，還是說聲「嗨」吧！我敢保證，對方真誠的「哈囉」和感激的眼神，一定會讓你驚喜。

擇善固執的時機和方式

自以為正確一向是我們的盲點，而這不僅僅侷限於知識分子而已。我們都時常會將正確與否看得比敏感體貼更為重要。有時候，即便相信有更好的做法，仍然按照別人的意思來，這樣並不是示弱，反而展現出我們的心胸。重點不是永遠堅持自己是對的，而是判斷堅持的時機。

堅持正確可能會有一定的代價，但神奇的是，大部分的商學院都略過這一點。在馬里蘭大學的商學院修課時，我學到了經濟學、會計、統計的原理，以及許多知識。然而，學校沒有教的是真實世界的商業政治運作。少了老師的引導，我只能依憑自己的直覺，以及我父親的。

父親的直覺在海軍軍旅生涯帶來很大的幫助，擔任推銷員的期間亦然。他不太需要處理應付企業的政治運作，因為他的銷售成績實在太好了。假如你效力的組織企業是銷售導向，而你的表現像我父親一樣遙遙領先，就不會有政治問題。

在父親的指導下，當我知道自己是正確的時候，絕不會保持沉默，並且以此自豪。在全錄公司時，我欣然承受正確的代價，因為我知道這麼做需要多少勇氣。當我知道自己是對的，就會和主管與同事抗爭到底。我必須承認，我在內心深處其實很享受抗爭的過程。對我來說，這樣的信念是最光榮的動章，我總是不吝於展現，有時甚至會加上「人們會在我的墳墓上刻下……」的座右銘。但我錯了。

擇善固執必須由時間、地點和方式決定。

全錄公司之所以容忍我，是因為我努力工作，而表現總是能超出預期。但事實是，我和共事者之間關係相當緊繃。因為受不了「正確」對其他人造成的壓力，我選擇離開公司，自行創業。

對於離開全錄公司，我可以給出很多理由，但事實是，我為了能堅持「正確」而離開。事實上，我不勇敢，也不正確，只是幸運而已。假如有時光機，可以和滿懷夢想、堅持己見的年輕時的自己談談，我會告訴他幾件重要的事：

▼我會告訴他，除了挺身而出的勇氣，更要學會判斷正確的時間和情境。

▼我會告訴他，除了以自己的點子為傲，更要學習團隊合作，支持其他人的想法。

▼我會告訴他，支持第二好的點子，不代表背叛自己。

▼我會告訴他，別在執著墓碑上刻什麼，要學習「錯誤」的勇氣。

身為公司團隊的一分子，我們必須學習團隊合作。我們必須讓其他人知道，我們能判斷堅持己見的時間和方式，並且支持其他人的想法。商學院幾乎不會教這些，而時光機器也不存在。假如過去的自己因為執著於「正確」，而拒他人於千里之外，我們現在仍然可以努力，確保不再因此而犧牲了在公司和團隊中的重要性。

學習如何提出異議

奇妙的是，我們時常會誤解「不同意」這件事。我們都知道無論在工作或個人層面，提出異議都是任何健康關係的一部分。聖雄甘地（Mahatma Gandhi）曾說：「誠實的異議往往是進步的好跡象。」一言以蔽之，我們不能也不該逃避異議。

意見分歧的結果往往不太好，原因之一是：一切沒有外表看起來那麼簡單，而且我們從未學習過如何有建設性地提出異議。我們面對的是兩難的場面：如果沒有任何異議，就不會進步；但提出異議卻可能使自己承受風險。所以，就讓我們來探討不同意時的四大面向吧：文字、音調、臉部表情和時機。

文字

在這裡，文字很重要。企業的環境中，我們通常很難直接舉起手來提出異議。這麼做是健康的，但一般的團隊通常無法忍受這般公開的表達不同意。這不代表我們不能在團隊中表達異議，但用字遣詞上可能必須更加謹慎委婉。我喜歡的說法是「支持／建構」，在支持某方想法的同時，也提供空間讓其他人提出異議，藉以繼續建構。運作方式大略如下：

某甲：我提議針對內部案子的支援開始收費。

某乙：我認為尋找收入來源是很棒的主意（支持）。假如我們檢視所有可利用的資源，確保在獲利的前提下，仍能從其他部門得到需要的支援呢？（建構）

音調

聽到其他人用精心構思，但一點也不真誠的語調提出異議，真的會讓人感覺很糟。文字加上不真實的語調可能帶來反效果，種下不信任的種子。正如前面的章節討論過的，我相信每個人都有能力讓文字內容和音調相符。事實是，我們常會希望聽話者懷疑我們是否真心誠意。當我們真的相信自己所說的，語調聽起來自然就適當，也比較容易讓其他人相信。

臉部表情

許多研究都證實，我們臉部的表情所透露出的情緒，往往勝過文字、音調和其他非語言線索。無論是否對我們有利，我們的臉都是真實情緒的窗口。正如文字和音調必須相符，我們的臉部表情亦然。所以假笑（我的埃及朋友說是「黃色」的笑）是騙不了任何人的。除非想要的是對質，否則就得先化解內心的心結，臉部的表情才不會背叛我們。

時機

有時候與你共事的人（特別是權力較高的），除非時機正確，否則完全不會在乎你說了什麼。表達不同意必須在正確的時機和情境，而這樣的判斷力會是個人很大的優勢。應該不會有人認為在團隊面前挑戰主管，或是在同僚前挑戰好友，會是正確的時機，並且能提升成功的機率吧？

學習表達不同意的時機和方法永遠不會太遲，而正確的表達方式不僅能避免尷尬衝突，更能幫助我們建立有效而有建設性的人際關係。

遵從自己的建議

幾年前，我和第一位工作的主管榮恩一起吃午餐。我為他工作已經是三十多年前的事，而雖然我當時並不了解，但他或許是我遇過最棒的上司了。他教我如何銷售、如何管理自己的時間，還有許多珍貴的課題。而我們的重逢最棒的地方，是這次他教了我一個簡單的道理，而他相信這道理拯救了他。

榮恩可不是一般的主管。他手下的保險部門由超過一百個人組成，其中包含七十個推銷員，以及支援員工、助理、訓練員和行政人員。在他的幫助下，華盛頓特區的辦公室成了全國表現最佳的部門。假如問他，他會說自己最大的成就在於銷售團隊的經營。

販賣保險是個嚴苛的業界，新陳代謝的速度快得驚人。保險業務需要特定的人格特質，要能傾聽、解決問題、得到信任、展現同理心和關心。然而，榮恩認為最困難的部分，是要看著客戶的眼睛，告訴他們：「你必須站起來，把灰塵拍掉，努力奮鬥！」

這不是我第一次和榮恩重聚。事實上，過去的十年來，我幾乎每年都和他見面。每次看到他，似乎都比以前更疲憊一些。他經歷了不少個人的打擊，包含摯愛妻子過世的悲傷。上一次會面時，他看起來鬱悶而疏離，而我傷心地想著，這或許是我們最後一次見面了。但這次的午餐聚會，他看起來好太多了。當他走進餐廳時，臉上帶著自信的笑容，甚至還拿我的禿頭開玩笑。他回來了！

八十多歲的榮恩談著他的演講，以及他在照護機構中為憂鬱症患者提供的免費諮商。聽了他超過十五分鐘的分享，談論自己如何從崩潰邊緣回頭，還能幫助別人，我直白地問：「你發生了什麼事？和去年看到的樣子簡直判若兩人。」

他的答案很簡單：「羅伯，超過四十年來，我管理的人在家庭和工作方面如果遇到困難，我總是能找到適合的話語幫助他們。有時是鼓勵的話語，有時則比較嚴峻，但總是發自真心。簡而言之，我決定坐下來和自己誠實地對話，問自己，**假如我還是個主管，我會對自己說什麼？**而當我找到會給相同處境者的建議時，就在那個瞬間，一切都變得很清楚明瞭了。」

這答案聽起來或許太過簡單，但我親眼見證了他的變化。我們追尋的答案，很多時候其實就在我們面前，很有趣吧？假如你遭遇困難，不妨問自己：**假如要幫助遇到同樣問題的人，我會說什麼？**我甚至會將問題拉到個人層面，問自己：**假如我的兒子女兒問我同樣的問題，我會怎麼建議？**這麼提問時，你會訝異地發現，原來解答如此清楚。

用雙倍的努力來面對自己的弱點

我指導過許多籃球選手，而最欣賞的則是個名叫雷恩的年輕人。他的運氣不好，身高並不高，因此喜歡上控球後衛的位子，負責執行我的戰術，並控制比賽的節奏。這個位置很適合雷恩，因為他喜歡領導，也喜歡控制一切。

他是左撇子，在對手面前佔了優勢，因為大部分的防守者會假設他是右撇子，於是朝他的右側逼近，讓他能出其不意地進攻。教練和選手常會在暖身時觀察對手，他知道這一點，所以發展出一套機智的暖身方式。

雖然雷恩不太擅長右側的運球或進攻，他暖身時卻幾乎都只用右手。比賽一開始，他會先用右手運球，在接近罰球區時，才將球轉交左手。這總是讓防守者措手不及。接著，雷恩就能輕鬆地上籃。每一場比賽，雷恩第一次使用這個小手段時都能成功，而對手會以為只是例外，讓他甚至能成功第二次。

然而，到了第三次，防守者就已經做好準備，讓本來的出其不意變得可以預測。雖然從左側進攻是雷恩的本能，但他知道怎樣才能成為更好的球員。他必須花更多時間和努力，學習如何運用右手，也就是所謂的「非慣用手」。

在棒球裡，這樣的練習就像學習打快速球和打曲球的不同；在網球則是回擊平擊發球和上旋發球的不同；在高爾夫則是學習一般揮桿和旋球的不同。假如你只想把它當成業餘的興趣，或是比業餘選手好一點就好，那麼這些都和你關係不大。但在更激烈的競爭中，如果沒有下足夠的功夫，你就會一敗塗地。

我們的一生中往往會在兩種領域努力，第一種是我們天分的所在，所以會覺得輕而易舉。這樣的領域讓我們感到信心十足，並且獲得不錯的成就和讚譽。我們在其中會表現出色。

另一種領域則代表了「非慣用手」，感覺很生硬，而必須付出加倍的努力。我們在其中很難感到自信，而且會避免使用不上手的技巧。當我們逃避使用非慣用手時，非慣用手就會越來越軟弱無用。更甚者，逃避會讓其他人清楚看見我們的優勢和弱點。

你或許會以為，展現突出的技巧會讓人得到優勢，但我覺得正好相反：這會讓我們變得過於單一而脆弱。為什麼脆弱？因為無法因應改變。

別當定型化的演員

當一個演員特別擅長飾演特定類型的角色時，就會被形容為「定型」，這是令人避之唯恐不及的評價。假如有個角色完全符合該演員的長處，他就會立刻被雇用。然而，研究一下生涯早期就定型的演員，會發現帶來成功的特長，最終也將成為他們的絆腳石。聰明的演員早早就會選擇和刻板印象相反的角色來飾演，不只能在演藝圈中存活，也使他們的戲路更加寬廣。而從未發展「非慣用手」的演員，則會漸漸淡出，而被遺忘。

讓天分發光發熱，
也鍛鍊自己天分不足的部分。

美國管理大師詹姆．柯林斯（Jim Collins）的暢銷書《從A到A＋》的開頭寫道：「優秀是卓越的敵人。」假如想要追求卓越，就必須找出不足的部分，並且加倍努力鍛鍊。做好心理準備，因為我們可能遭遇挫折，腦中的聲音也會不斷誘惑我們選擇容易的道路，專注在自己的天分所在。

假如你的弱點是寫作，就報名參加成人寫作課程；假如你總是逃避公開演說，不妨加入國際演講協會（Toastmasters）；假如你討厭行銷，不如看看我寫的書，打通電話給我吧！我們應該透過發展不足之處，拓展自己的舒適圈，讓自己的弱點不再是成功的絆腳石。

小細節往往造成大損失

你是否曾經在執行大型企劃時，還沒完成卻已經失去動力？或許你效力於大公司，但卻不代表就能倖免於難。

我父親的諸多興趣之一，是組裝模型坦克車，而且他很擅長，會花好幾個小時分毫不差地拼裝每個零件、加上塗料，最後再塗上獨創的迷彩紋路。他會把成品放到我房間，而我在深受吸引之下，也決定自己嘗試。

父親帶我去模型店，經過一番討論後，決定我的第一個模型是一台車。

一回到家，我迫不急待地打開盒子，看見的是一片片塑膠零件，以及一張張裝飾貼紙。步驟有一點複雜，但我等不及要開始了。

起先很有趣，這是全新的體驗，而且前幾個步驟挺容易的。興致高昂地將大塊零件拼裝起來後，我立刻認定自己是模型高手。我將盒子放在工作檯旁，而在二十分鐘以內，我的模型竟然已經和上面的圖案很像了！

但我的速度慢了下來。隨著剩下的零件越來越小，最後的步驟也越來越有挑戰性。完成這件事的趣味性，完全比不上一開始的興奮，而且需要我尚未擁有的自我要求。我已經失去動力和興趣，剩下的零件就這樣散落在地毯上。我把自己少了細部零件、貼紙和塗料的綠色塑膠車，放在父親美麗的坦克車旁邊。這總是痛苦地提醒著我，我沒有能力完成自己起頭的事物。

聽起來很熟悉？沒有人在一開始接受挑戰時，就計畫著放棄，但許多挑戰都有著相似的發展模式。一開始的步驟很輕鬆、有趣、刺激，讓我們充滿希望；但最終的小細節才真正艱難，並讓我們更上一層樓。

最後的細節才能讓我們的成果由優秀到卓越。

最後的細節教導我們，必須保持勤奮和自律才能完成任務。較大的部分帶給我們希望，但細節使我們的努力開花結果。

俗話說：「先知則先備。」事先知道可能發生的問題，就能帶來戰略上的優勢。只要提醒自己，別在最後的細節前就失去動力，就能避免功虧一簣的窘境。我們通常不會注意到時間和步調的管理，因此重點就在於專注和洞察。這意味著，我們得了解所有需要更多時間、專注、自律來完成的細節，才定義了我們這個人。做好準備，規劃需要的時間和努力，並加以完成，因為細節才是最重要的關鍵。

度過分手

成為教練或指導者，也不能讓我們倖免於人生最大的創傷事件之一：分手。聽見自己在生意或戀愛關係中不再被需要，即便是最堅強自信的人，也可能會一蹶不振。分手可能會摧毀一個人的靈魂，留下永久的印記。和婚姻的終止很像，分手有時很容易，有時則不，有時甚至殘酷萬分。

分手的殘酷教人心碎，更糟的是，可能讓人變得苦澀或迷惑。當我們被要求離開，覺得自己受到不公平的對待，其中的痛苦打擊恐怕難以承受。如此的分手通常發生在強烈而失衡的關係中，而要再次振作起來可不容易。

最糟的是接下來發生的事：我們會持續帶著困惑、痛苦和憤怒，而這些情緒將侵蝕我們的心靈，吞噬我們的快樂，讓我們變得憤世嫉俗。即使沒有切身的經歷，我們多少也認識這樣的人。和經歷分手的人相處時，任何對話最終都會來到他們感受的黑暗和悲傷。如此發展下去，痛苦和憤怒只會不斷加深。

我們所背負的創傷之中，有一部分源自於沒有能力放下痛苦。情緒的重擔足以使我們墜入悲傷和憂鬱的深淵，再也無法繼續向前。我可以向你保證，一定有出口。只要依循下列的步驟，就能在生命中重獲自由，邁向另一個目標。

從自省開始

先問問自己這個問題：**假如能重新開始，我會做什麼改變嗎？**沒錯，我們受到虧待，完全有憤怒的理由。然而，無論再怎麼設想，分手都不會只是一方的錯。我們可以從中學到一課，這不只幫助我們治癒，而且將使我們不再重蹈覆轍。

接受90／10法則

經歷分手的人，時常難以接受任何責難。這時，90／10的法則能幫助我們思考新的問題：**假設九成的錯不在我，那麼剩下一成該負起責任的錯誤是什麼？**當我們誠實回答這個問題時，就能將悲傷轉化為進步的機會，並且感受到肩頭沉重的擔子減輕了。

馴服「受害者的聲音」

繼續前進的關鍵在於馴服「受害者的聲音」。生命的現實是，壞事會發生在好人身上。我不是說不能自傷自憐，但也不需要將受害者的聲音大聲廣播。這聲音只會不斷提醒著，世界多麼不公平，發生的事多麼痛苦，而我們多麼無辜。不要聽這個聲音，因為假如聽了，只會使我們推託所有的責任，不斷重蹈覆轍。相反的，接受自己的一成錯誤，從經驗中學習，不要再犯下同樣的錯誤。

要怎麼知道受害者的聲音影響了我們？**只要覺得受到不公平對待，就問問自己一開始的問題：假如能重新開始，我會做什麼改變嗎？**假如答案是沒有，就代表受害者的聲音太過強烈了；假如能想到任何事，代表我們不只降低了受害者的聲音，也願意負起責任，從錯誤中學習，變得更有智慧。廣播電台主持人麥克・拜斯登（Michael Baisden）說得好：「我們不可能犯下同樣的錯誤兩次。因為第二次時，就不再是錯誤，而是選擇。」

放手吧

最後的步驟最簡單，但卻也最需要決心。讀讀下面這句話，思考其中簡單的智慧：

放手吧。

假如懷抱著怒火能懲罰到造成痛苦的人，並且讓痛苦消失，那我會建議你拚命這麼做。但事實並非如此。

放手吧。

真正在乎你的人，不會希望一直聽到你的恐怖故事。他們希望聽到你的復原，並且幫助你繼續前進。

放手吧。

每說一次這樣的經歷，無異於重新體驗過去的痛苦，同時也讓造成我們痛苦的人持續影響我們。

放手吧。

我們已經負起分手的部分責任，並且從錯誤中學習。我們不是受害者，不需要再對自己或任何人重述這段過去。

放手吧。

是時候專注未來，對過去放手了。想想看，假如聽到有人說：「分手很痛苦，我感到受傷而憤怒。但我必須負起部分的責任。我已經從經驗中學習，並且繼續前進了。」多麼了不起啊！這不是受害者的聲音，而是健全的人從痛苦中學習，準備面對生命的下一個挑戰。

不要成為過去的囚徒。無論覺得多麼痛苦打擊，都要接受一部分的責任，並且從錯誤中學習。對憤怒放手才能讓我們真正得到自由。至於那些錯待我們的人，想想《憤怒的葡萄》（*The Grapes of Wrath*）中前牧師吉姆・凱西說的：「或許世界上沒有原罪也沒有道德，這些都只是人類的作為而已。有些人的作為很好，有些不太好，我們也沒資格評論別的。」

負起責任，學習，放手，然後進步。這不是對其他人失去信任，重點在於重拾對自己的信心。

認真看待朋友

大部分的電視實境節目我都不太喜歡，甚至覺得只是「糟糕的演員演出糟糕的戲碼」而已。但奇怪的是，我很喜歡最早期的實境節目之一，也就是《倖存者》（*Survivor*）這個社會實驗。其中可以學習的層面很多，但最重要的是「盟友」，其中有三大重點：盟友無法避免，必須慎選，必須保持忠誠。

盟友無法避免

很多人認為，與其他人合作時未必要形成聯盟。看《倖存者》時，你會訝異地發現聯盟形成的速度有多快，而這在工作場合亦然。我說的不是像小團體一樣不顧情面地排擠某些人，聯盟的運作要巧妙多了。假如想避免結盟，我們可能對其他人會傳達錯誤的危險訊息。一般來說，逃避結盟的人會被視為孤僻、沒有團隊合作的能力。假如認為自己不需要結盟，那麼就太過天真了。

慎選盟友

這一點的重要性必須反覆強調。沒有任何規定是要和第一個接觸的人結盟。事實上，最早提出邀約的人，通常都和其他人處不好，所以才急迫地接觸團體的新成員。假如和第一個伸出手的人站在同一陣營，別人就會懷疑你們的關係匪淺。

好幾季的《倖存者》提醒著我們慎選盟友的重要。我還記得其中一季裡，兩位個性最好的女性參與者很快地和邀約的男士結盟，雖然彼此完全不認識，但乍看之下也還算好的搭配。然而，他其實是個麻煩人物。只因為這樣的關係，兩個女生是實驗中最早被剔除的參與者。而和大多數危險人物一樣，男士雖然不被認同，卻一直撐到節目後半。很熟悉的情節吧？就像奧斯卡．王爾德在《達姆比先生》（*Mr. Dumby*）中寫的：「經驗是每個人為所犯錯誤起的名字。」

選擇錯誤的盟友可能帶來災難性的後果，而僅僅憑著友誼或共同喜好來挑選盟友，雖然符合我們的本能，卻是個錯誤。這不是要我們做出價值觀上的妥協，而是要了解策略聯盟可能帶來的影響。

猜猜看，善良的人如果和在部落（我是說企業組織）中人緣不佳的人結盟，會發生什麼事？可以預期，他們會發現很難說服別人，自己從未認同那些人的觀點，也很難再加入其他人的陣營。這些人通常是下一個被決議驅逐的對象。

對盟友保持忠誠

唯一比交錯朋友更糟的，就是不斷換朋友。缺乏忠誠這一點很難逃過大眾的眼睛，也將會得到不值得信任的惡名。在專業和職場上，有什麼比這更糟的汙點嗎？一旦信任遭到破壞，幾乎就無法復原。因此，我們必須慎選盟友，對自己的盟友保持忠誠，才能在團隊合作中得到成功。

學習如何維持他人對你的信任，不代表在政治操作上必須老謀深算。思考選擇所帶來的後果，並採取行動自保，才能影響你身邊的人對你的看法。如果其他人相信你，他們會期望你對於自身的政治處境有所了解，並且以此為行動依據，無論你是否心甘情願。只要這麼做，就能維持其他人對你投入的信任了。

超越希望

我寫作這本書的目標，不僅僅是希望讀者覺得有趣、勵志或受到啟發。別誤會，如果你這麼覺得，我會非常高興！但我希望我們可以得到更多。至少，我希望能幫助你解決問題，例如得不到其他人的信任，或是更糟的，沒辦法相信自己。

對我來說，一切都從全錄公司開始。但超過三十年的演講和教學經驗，讓我渴望做更多，幫助更多人變好。娛樂性、勵志性、啟發性都很棒，但我的目標是教導。我們已經看了一套解決的流程，每個步驟都配合故事和例子。然而，就像任何其他道理一樣，唯有真心投入實踐，才能帶來幫助和改變。

想像你在學習高爾夫球時，所面臨的抉擇：**你只想要些微的改善，或是為了成功而全神貫注？**看看業餘高爾夫玩家的表現，你就會知道我在說什麼了。高爾夫球手可以分成兩種：

第一種打得不是很好：他們的揮桿姿勢長期不良，以至於已經很擅長打出壞球了！他們或許上過一些課，也遵循了部分的課程內容。他們也經過一些練習，但因為練習不太有趣，所以大概也不太多。有個惱人的聲音會不斷告訴他們：**嘿，你就是想太多了，才會比上課之前更糟！**稍微聽幾個概念，用自己的方法學就好，回去靠老方法打球吧！沒有反對的聲音，所以一開始嚴謹而正確的作法，最終只會變成零星而片段的概念。這類球手只會留在業餘程度，雖然期望提高，卻沒什麼改變，也不知道自己為什麼無法成功。

第二種球手非常厲害，而他們的成功絕非意外。我們可以看出他們上了課，而且更重要的是，嚴謹遵循學習到的概念。他們會練習，而且是大量練習。當然也有惱人的聲音：嘿，對你來說太難了，你上課之前也打得還行，比賽有點表現，而且樂在其中！但這時有個聲音反對：**不，我要精通這個，意思是在可以繼續前進之前，可能必須先退幾步**。這樣的高爾夫球手可能會從本來還可以的表現，先短暫地退步一些，然後就爬上更高階的比賽，得到超乎意料的成功。

我多希望人生就像高爾夫球賽一樣簡單；然而，在現實生活中，我們賭上的可比球賽的積分多太多了。這裡說的是人生的分數。

你會如何運用自己所學習到的教訓？

你願意挑戰自己，脫離舒適圈，做新的嘗試嗎？你過去的經驗會試圖阻礙你，所以忽略那些惱人的聲音吧。

你會選擇這本書是有理由的。腦海中有另一個聲音告訴你：讀吧。別讓這個聲音失望，它是你真實的聲音，聽從它的建議只會為你帶來助益。

如今，該為真實的自己而戰了。其中當然有風險，會經歷許多嘗試和錯誤，會有許多成功和失敗。這本書沒有任何內容會降低你成功的機率，而是幫助你自我挑戰，並做出正向的改變。

如果有任何方式能讓自己更好，我絕對不會轉身離開。你之所以讀這本書，是因為你懷抱希望。我也懷抱著希望：願你能適時得到點醒，讓你更相信自己，也幫助其他人更相信你。你或許也會有自我懷疑，但你已經有了工具和想法，能對抗這樣的懷疑。想要精熟本書的技巧，就必須付出努力，也必須相信自己。你已經夠好了，現在就跨出一步，讓全世界都相信你吧！

致謝

每一本書的完成都有許多人必須感謝，這本書也不例外。首先要從我的妻子蘿妮開始：你不只編輯我的文字，也編輯了我的人生，總是讓一切變得更好。

給了不起的布萊恩·崔西：你的生涯和指導總是給我莫大的啟發。你的言語能收錄在本書中，真的讓我無比喜悅。

包柏·克茲紐斯基和威爾·葉特曼，你們教會我什麼是真正真誠無私的奉獻。我永遠銘記在心。

給所有工作坊成員和學生：經歷了許多嘗試和錯誤，承受了我非典型的作法，我們一起破解了信任的奧祕。你們是我的「音友」，謝謝你們自願成為我的畫布，讓我能肆意揮灑。

給所有生涯網絡服事的夥伴：謝謝你們無私地幫助失業者，邀請我去演講，讓我加入你們的行列，並謙卑地在需要時貢獻一己之力。這本書反映了我們一起踏上的旅程和學習的一切。

給我的父親李．喬利斯：我不願記得你離開人世的日期、月份、年份，但你教導我的一切，我絕不只永遠記住，而且將終身奉行。從你身上，我學習到奉獻不只是金錢上的，也必須奉獻自己的時間。若非這個教誨，我將錯過太多，這本書也不會問世了。

給我的編輯尼爾．米雷特：謝謝你持續相信我的文字。假如沒有你，或許就不會有其他人看這本書了。你允許我做自己，卻也在我稍微過頭時，適時巧妙地點醒我。你不只是我的編輯，也是我信任的朋友。

給我的老師羅伯．雷默伊：你為我打開演戲這扇窗，改變了我的人生。所有教育者的願望，是為學生的人生帶來真實而長久的影響。任務達成，恭喜。

給我的審稿者伊麗莎白．逢雷迪克斯：要為堅決保持真誠語調的作者審稿不容易，而你也堅持讓真誠的文句在文法上不出錯。這需要出眾的能力，而你完美達成任務。我很感激有機會與你合作。

給我的孩子丹尼、傑絲和珊迪：你們都已長大成熟，令我自豪。曾有人告訴我，可以像個父親，也可以像朋友，但不能兩者兼顧。那個人錯了。謝謝你們認同我，因為這兩個角色我都相當珍惜。

自我的提升和精進之路沒有終點，但這趟旅程會讓你值回票價。下列的書籍都提供了很棒的概念，能助你一臂之力。

Alter, Cara Hale. The Credibility Code: *How to Project Confidence and Competence When It Matters Most.* San Francisco: Meritus Books, 2012.

Booher, Dianna. *Creating Personal Presence: Look, Talk, Think, and Act Like a Leader.* San Francisco: Berrett-Koehler, 2011.

Cuddy, Amy. *Presence: Bringing Your Boldest Self to Your Biggest Challenges.* New York: Hachette Book Group, 2015.

Donnelly, Darrin. *Think Like a Warrior: The Five Inner Beliefs that Make You Unstoppable.* Lexena, KS: Shamrock New Media, 2016.

Goleman, Daniel. *Emotional Intelligence: Why It Can Matter More Than IQ.* New York: Bantam Books, 1995, 1997.

Hill, Napoleon. *Success through a Positive Mental Attitude.* New York: Pocket

Books, 1960, 1977.

Johnson, Vic. *The Magic of Believing: Believe in Yourself and the Universe Is Forced to Believe in You.* Melrose, FL: Laurenzana Press, 2012.

King, Patrick. *Improve Your People Skills: Build and Manage Relationships, Communicate Effectively, Understand Others, and Become the Ultimate People Person.* Self-published, Amazon Digital Services, 2017. Kindle.

Kouzes, James M., and Barry Z. Posner. Credibility: *How Leaders Gain and Lose It, Why People Demand It.* San Francisco: Jossey-Bass, 2011.

Peale, Norman Vincent. *The Power of Positive Thinking.* New York: Fireside, 1952, 2003.

Tracy, Brian. *The Power of Self-Confidence: Become Unstoppable, Irresistible, and Unafraid in Every Area of Your Life.* Hoboken, NH: John Wiley & Sons, 2012.

Tuhovsky, Ian. *The Science of Effective Communication: Improve Your Social Skills and Small Talk, Develop Charisma and Learn How to Talk to Anyone.* Self-published, CreateSpace, 2017.

綠蠹魚 YLP31

一開口就贏得信任

從內在的改變，打造穩定持久的可信度

作　　者　羅伯・喬利斯 Rob Jolles
譯　　者　謝　慈
封面設計　傅士倫
內頁排版　費得貞
行銷企畫　沈嘉悅
副總編輯　鄭雪如

—

發 行 人　王榮文
出版發行　遠流出版事業股份有限公司
100 臺北市南昌路二段 81 號 6 樓
電話　（02）2392-6899
傳真　（02）2392-6658
郵撥　0189456-1
著作權顧問　蕭雄淋律師

—

2019 年 5 月 1 日 初版一刷
售價新台幣 260 元（如有缺頁或破損，請寄回更換）

ISBN　978-957-32-8532-8

國家圖書館出版品預行編目（CIP）資料

一開口就贏得信任：從內在的改變，打造穩定持久的可信度 / 羅伯．喬利斯（Rob Jolles）著；謝慈譯．/ 初版
臺北市：遠流，2019.05
192 面；14.8*21 公分．--（綠蠹魚；YLP31）
譯自：Why people don't believe you : building credibility from the inside out
ISBN　978-957-32-8532-8（平裝）
1. 商務傳播 2. 溝通技巧

494.2　108004502

遠流博識網　www.ylib.com　E-mail: ylib@ylib.com
遠流粉絲團　www.facebook.com/ylibfans